Björn Wergen | Katrin Gilbert

PILZE FAQ

Björn Wergen | Katrin Gilbert

PILZE FAQ

Über 100 Fragen & Antworten von den Pilzprofis

Inhaltsverzeichnis

Lamellenpilze

Nichtblätterpilze

Service

Lieber Leser, liebe Leserin,

Pilze sind seit Menschengedenken rätselhaft und mysteriös, gefürchtet und begehrt. Auch heute noch sind längst nicht alle Arten bekannt und für die bekannten Arten ist die Stellung im Verwandtschaftssystem der Pilze noch immer nicht endgültig geklärt. Doch der botanische Name eines Pilzes ist für Speisepilzsammler meist gar nicht so entscheidend. Sie interessiert vielmehr die Frage, wie man einen Giftpilz sicher von einem Speisepilz unterscheiden kann. Das vorliegende Buch behandelt daher die vielfältigen Fragen, die sich Pilzsammler immer wieder stellen, und versucht, diese möglichst verständlich und abschließend zu beantworten. Dennoch lässt es sich kaum vermeiden, dass aus manchen Antworten wieder neue Fragen entstehen. Aber vielleicht ist genau das ja auch ein Vorteil: Ist Ihr Forscherdrang beim Durchstöbern dieses Buches erst einmal geweckt, möchten Sie sich automatisch weiter informieren. Sie beginnen, zusätzliche Literatur heranzuziehen und die neu aufkommenden Fragen selbst zu klären. Und auf einmal sind Sie mittendrin in der Welt der Pilze …
Alle auftauchenden Fragen in einem Buch wie diesem zu versammeln, ist natürlich unmöglich, und so haben wir uns auf die häufigsten Problemfälle konzentriert. Die Quelle für diese Sammlung bildete das deutsche Internetforum pilzforum.eu, eine Diskussionsplattform zu Fragen der Bestimmung essbarer und giftiger Pilzarten, zu Fotografiertechniken und vielem mehr. Als Moderator dieses Forums war ich immer wieder mit den unterschiedlichsten Fragen konfrontiert, und meine dabei gesammelten Erfahrungen möchte ich gerne mit Ihnen teilen. Für die Neuauflage dieses Buchs waren auch die zahlreichen Pilzführungen mit absoluten Einsteigern eine wertvolle Quelle für die Fragen und auch für die Antworten. Es gibt hier keinen Bestimmungsschlüssel für die besprochenen Arten, denn dieses Buch soll Bestimmungsliteratur nicht ersetzen. Vielmehr dient es dazu, Ihre Fragen zur Welt der Pilze zu beantworten.

Björn Wergen

Was sind Pilze?

Was Pilze überhaupt sind, ist eine der häufigsten Fragen, die man in Foren zu lesen und auf Exkursionen zu hören bekommt. Anfang des 19. Jahrhunderts versuchte der schwedische Botaniker Elias Magnus Fries, alle damals bekannten Pilzarten zu klassifizieren, und ging damit in die Geschichte der Pilzkunde ein. Er stellte vier große Gruppen von Pilzen auf: *Agaricus*, die **Lamellenpilze**, *Boletus*, die **Röhrlinge**, *Clavaria*, die **Korallenpilze**, und schließlich *Hydnum*, die **Zahnpilze**. Alle diese Gruppen existieren noch heute, aber nicht mehr in derselben Zusammensetzung, wie Fries sie aufgestellt hatte. Fries unterteilte die vier Gruppen später noch weiter in Familien und Gattungen und bereitete damit den Weg zu einem modernen System der Pilze.

Auf ein **eigenes Reich** in der Ordnung des Lebendigen hatten die Pilze lange warten müssen. Lange Zeit galten sie als wässrige Ausscheidungen der Natur, deren Sinn und Zweck man nicht zu deuten vermochte. Sie waren nicht typisch tierisch, aber auch nicht wirklich pflanzlich. Dennoch schrieb man sie der Botanik zu, denn viele berühmte Botaniker haben sich über die Jahrhunderte hinweg mit ihnen beschäftigt. Im Gegensatz zu den Pflanzen besitzen Pilze jedoch **kein Chlorophyll**. Sie müssen ihre Nährstoffe selbst produzieren oder sie von anderen Organismen beziehen, sei es durch Symbiose oder durch Parasitismus.

Was unsere Vorfahren eben-

Der sichtbare Teil des Fliegenpilzes ist lediglich der Fruchtkörper.

falls nicht wussten: Der eigentliche Pilz wächst unterirdisch oder vor unseren Blicken versteckt im Substrat und ist im Vergleich zu dem, was wir oberirdisch zu sehen bekommen, riesig groß. Es handelt sich hierbei um das **Myzel**, ein sich im Boden, Holz, Dung etc. ausbreitendes Geflecht aus Pilzfäden, das sehr lichtempfindlich ist und mehrere Quadratmeter oder gar Quadratkilometer einnehmen kann. Der oberirdische Teil der Pilze wird als **Fruchtkörper** bezeichnet. Dieser sorgt mit winzigsten Vermehrungseinheiten, den sogenannten **Sporen**, für die Verbreitung des Pilzes. Mikroskopisch gesehen besteht ein Pilz, zumindest wenn er zu den Höheren Pilzen gerechnet werden möchte, immer aus den erwähnten Pilzfäden, den sogenannten **Hyphen**, die durch Querwände in einzelne Zellen unterteilt sind. Auch der Fruchtkörper eines Steinpilzes oder Pfifferlings setzt sich aus diesen mikroskopisch feinen Fäden zusammen. Sie sind es, die für die **faserige Konsistenz** der Fruchtkörper verantwortlich sind, und wer schon einmal den Stiel eines Parasols entzweigebrochen hat, kann die Struktur erahnen. Die Fäden sind allerdings nicht immer fadenförmig, wie der Name nahelegt, sondern können auch relativ breit und sogar kugelig sein. Dies ist zum Beispiel bei den Schlauchpilzen der Fall, deren Fleisch nicht faserig, sondern käseartig glatt überbricht.

So lebt der Pilz im Verborgenen: Pilzmyzel.

Was sind Schlauch- und Ständerpilze und worin unterscheiden sie sich?

Die Schlauch- und die Ständerpilze sind Abteilungen innerhalb der Höheren Pilze und für den Pilzsammler von besonderem Interesse, da sie alle gängigen Speisepilze umfassen. Ihren Namen haben sie von den unterschiedlich geformten

Der Flockenstielige Hexenröhrling gehört zu den Ständerpilzen.

Die Echten Trüffeln (Tuber spp.) gehören zu den Schlauchpilzen.

Zellen, mit denen sie ihre Sporen bilden und verbreiten. Bei den **Ständerpilzen**, zu denen neben den **Lamellenpilzen**, **Röhrlingen** und **Leistlingen** auch die **Stachelinge** und **Porlinge** sowie diverse unterirdisch wachsende Trüffeln und ein paar andere Pilzgruppen gehören, werden die Sporen auf den sogenannten Sporenständern, den **Basidien** gebildet. Diese sitzen in der Fruchtschicht der Fruchtkörper, also beispielsweise den Lamellen, Poren oder Stacheln. An ihren Spitzen schnüren sie die reifen Sporen ab und schleudern sie fort. Die Basidien selbst gehen aus den zweikernigen Zellen der Fruchtkörper hervor. Durch Verschmelzung der verschiedengeschlechtlichen Kerne und anschließende Reifeteilung setzen sie die Sporenbildung in Gang.

Zu den **Schlauchpilzen** zählen weit weniger bekannte Arten. Ihre prominentesten Vertreter sind die **Echten Trüffeln** (*Tuber*), für die man mitunter mehrere Tausend Euro pro Kilo berappen muss. Außerdem gehören die **Morcheln** dazu, die im Frühjahr gerne gesucht werden. Die Schlauchpilze besitzen ein Einkernmyzel, dessen Zellen also mit nur jeweils einem Kern ausgestattet sind. Bildet sich aus dem Myzel der Fruchtkörper, verschmelzen bestimmte

Pilzfäden miteinander. Die daraus hervorgehenden Zellen sind nun zweikernig und somit imstande, Endzellen mit Vermehrungseinheiten aufzubauen. Diese Vermehrungseinheiten, die auch hier **Sporen** heißen, befinden sich in einer großen, **schlauchförmigen Zelle**, die dieser unübersichtlich großen Pilzgruppe ihren Namen gegeben hat. Neben den oben genannten Echten Trüffeln, den Morcheln und Lorcheln gehören auch die **Becherlinge** und die **Kernpilze** zur Gruppe der Schlauchpilze.

Becherlinge und Kernpilze

Die Becherlinge und Kernpilze, die in vielfältigster Weise unsere Wälder besiedeln, stellen den größten Artanteil innerhalb der Schlauchpilze: Allein in Deutschland dürften es zusammen weit über 4000 Arten sein, von denen aber über 98 % für kulinarische Zwecke völlig ungeeignet sind. Außerdem gehören die Vertreter dieser beiden Gruppen zu den am schwersten zu bestimmenden Organismen, die es überhaupt auf unserem Planeten gibt.

Wo findet man Pilze und welche Lebensweisen haben sie?

Diese beiden Fragen hängen eng zusammen, denn wo die verschiedenen Pilze wachsen, richtet sich jeweils nach ihrer Lebensweise. Man unterscheidet dabei Saprobionten, Mykorrhizapilze und parasitisch lebende Pilze.

Saprobionten

Saprobionten leben von totem organischem Material wie zum Beispiel Holz, Pflanzenresten, Blättern oder sogar Dung von Wildtieren. Sie ernähren sich von diesen Resten und bauen sie zu anorganischen Substanzen ab, und diese wiederum dienen neuen Pflanzen zum Keimen und Wachsen. Man könnte die Saprobionten daher auch als

Der Violette Rötelritterling ist ein Saprobiont.

Recylingspezialisten bezeichnen, da sie den Wald davor bewahren, sozusagen im eigenen Abfall zu ersticken.

Typische und sehr häufige Saprobionten

- Parasol (*Macrolepiota procera*)
- Alle Champignonarten (*Agaricus* spp.)
- Nebelkappe (*Clitocybe nebularis*)
- Violetter Rötelritterling (*Lepista nuda*)
- Sehr viele Schlauchpilze, z. B. die Holzkeulen und Kohlenbeeren (*Xylaria* und *Hypoxylon*)

Mykorrhizapilze

Mykorrhizapilze können totes Material nur schwer zersetzen und daher auf diesem Weg nicht genug Nährstoffe in Form von Kohlenhydraten gewinnen. Häufig sind sie gar nicht in der Lage, die komplexeren Kohlenhydrate aus dem Bioabfall zu spalten und zu verwerten, da ihnen die Enzyme dafür fehlen. Deshalb müssen sie eine „Zweckehe" mit einer höheren Pflanze, meistens einem Laub- oder Nadelbaum, eingehen. Diese Verbindung wird **Symbiose** genannt und ist für das Ökosystem Wald von eminenter Bedeutung. Der Pilz profitiert davon, indem er vom Symbiosepartner Zucker bekommt, die dieser mittels Photosynthese herstellt. Der Symbiosepartner wiederum erhält vom Pilz als Gegenleistung Nährsalze und Wasser. Der Austausch findet über die feinsten Ausläufer des Pilzmyzels statt, die mit den Spitzen der Baumwurzeln in Verbindung stehen und sie umhüllen. Da das Myzel des Pilzes deutlich feiner als die Baumwurzeln ist, kann es mehr Wasser und Nährsalze aus dem Boden aufnehmen und an den Baum weitergeben, der dadurch schneller wächst und selbst an ungünstigen Standorten gedeiht. Je nachdem, ob das Pilzmyzel die Baumwurzeln nur umhüllt oder sogar in sie eindringt, spricht man von Ekto- oder von **Endomykorrhiza**, wobei die **Ektomykorrhiza** praktisch die Spitze dieser Evolution darstellt. Bekannte Ektomykorrhizabildner sind Steinpilze, Pfifferlinge, Täublinge oder Milchlinge. Aber nicht nur der Ort, auch die Jahreszeit, in der die Pilze wachsen, ist von der Symbiose bestimmt. Vor allem Laubbäume müssen im Frühjahr und Sommer ihre Laubschicht erst aufbauen und benötigen daher sämtliche Energie aus der Photosynthese für sich selbst. In dieser Zeit geben sie dem Pilzpartner nur wenig Zucker ab, sodass dieser nun nicht in der Lage ist, Fruchtkörper zu bilden. Dies ist einer der Gründe, warum viele Pilzarten erst im Herbst erscheinen.

Der Graue Wulstling ist ein Mykorrhizapilz.

Wichtige Mykorrhizapilze, zum Teil sehr häufig

- Fliegenpilz (*Amanita muscaria*)
- Grüner Knollenblätterpilz (*Amanita phalloides*)
- Perlpilz (*Amanita rubescens*) und Grauer Wulstling (*Amanita excelsa*)
- Pantherpilz (*Amanita pantherina*)
- Alle Schleierlinge (*Cortinarius* spp.) und alle Risspilze (*Inocybe* spp.)
- Alle Täublinge (*Russula* spp.) und alle Milchlinge (*Lactarius* spp.)
- Fast alle Röhrlinge
- Pfifferlinge (*Cantharellus* spp.)

Parasitische Pilze

Eine weitere Gruppe von Pilzen hat eine Lebensweise als Parasit entwickelt, bezieht also Nährstoffe einseitig auf Kosten anderer Lebewesen. Als **Wirte** dienen ihnen ganz unterschiedliche Organismen, sogar der Mensch befindet sich darunter. Bei den Schlauch- und Ständerpilzen sind zumeist Bäume, Kräuter, Gräser, Moose oder Flechten die Opfer, aber auch andere Pilzarten können von ihren parasitischen Verwandten befallen werden. Wie dieser Befall vonstattengeht, soll hier am Beispiel des Zunderschwamms (*Fomes fomentarius*), eines weit verbreiteten und häufigen Porlings, skizziert werden.

Oben Weißfäule, unten Braunfäule an einem Birkenstamm.

Der Fleischfarbene Hallimasch ist ein parasitisch lebender Pilz.

Der **Zunderschwamm** mit seiner graubraunen Oberseite und den oft sehr großen, konsolenförmigen Fruchtkörpern befällt zumeist Birken oder Buchen und ist ganzjährig zu finden, da er über Jahre hinweg entweder als Parasit oder als Saprobiont überdauert und sehr langlebige Fruchtkörper bildet. Die Sporen des Zunderschwamms sind in unserer Luft in großen Mengen vorhanden und infizieren verletzte oder kränkelnde Bäume, indem sie sich in Rindenspalten ablagern, dort auskeimen und mithilfe von Pilzfäden in das Holz eindringen. Im Inneren des Baumes wachsen diese Pilzfäden dann zu einem Myzel, dem eigentlichen Pilz, heran. Ihren Nahrungsbedarf decken solche parasitischen Pilze durch den Abbau von Lignin, dem Holzstoff, oder von Zellulose. Je nachdem, was sie bevorzugen, färbt sich das befallene Holz weiß, rötlich oder braun. Man spricht von **Weißfäule**, wenn das Holz weiß wird und faserig zerfällt, da das

braune Lignin abgebaut wurde und lediglich die langen Zelluloseketten übrig geblieben sind. Verursacher von **Braunfäule** hingegen können Lignin nicht abbauen, dafür aber die Zellulose: Das Holz wird braun und zerfällt würfelförmig.
Hat der Pilz genügend Nährstoffe aufgenommen, bildet er Fruchtkörper aus, die die Holzoberfläche aufbrechen und draußen ihr Wachstum fortsetzen. Ihre Fruchtschicht – meistens sind es Poren – richten sie stets nach unten aus, eine Eigenschaft, die als **Geotropismus** bezeichnet wird. Das ermöglicht dem Pilz, auch bei Lageveränderungen, etwa nach dem Umfallen des Stammes, die danach neu auswachsenden Fruchtkörper wieder nach unten auszurichten. Damit wird garantiert, dass die Sporen stets nach unten fallen können und die Verbreitung somit gesichert ist. Aber auch vom umgefallenen, längst abgestorbenen Baum kann der Zunderschwamm als Saprobiont noch mehrere Jahre oder gar Jahrzehnte leben.
Bei uns Menschen stehen solche Parasiten meist nicht hoch im Kurs, da sie oft Schäden verursachen, etwa wenn ein Porling einen Obstbaum befällt, der für seinen Besitzer einen wirtschaftlichen Nutzen hat. Aber sind parasitisch lebende Pilze grundsätzlich schlecht? Dazu muss gesagt werden, dass die meisten dieser Pilzarten in der Natur eine bedeutende Rolle spielen: Sie bringen geschädigte oder kranke Bäume zum Absterben und verhindern so, dass sich Krankheiten auf andere Bäume übertragen. Damit erhalten sie in nicht unerheblichem Maße die Gesundheit unserer Wälder.

Wichtige Pilzarten mit parasitischer Lebensweise

- Hallimasch (*Armillaria* spp.)
- Sparriger Schüppling (*Pholiota squarrosa*)
- Wurzelschwamm (*Heterobasidion annosum*)
- Fichtenporling (*Fomitopsis pinicola*)
- Pflaumen-Feuerschwamm (*Phellinus tuberculosus*)

Wie bestimmt man einen Pilz?

Eine der wichtigsten, wenn auch häufig indirekt gestellten Fragen ist die nach der Bestimmung einer Art. Natürlich ist jedem klar, dass man eine Pilzart umso leichter erkennt, je mehr Erfahrung man mit ihr gesammelt hat. Ohne die praktische Auseinandersetzung mit der Materie, wie man sie nur **auf geführten Exkursionen** oder in Kursen erfährt, wird man eine umfangreiche Erfahrung aber kaum erlangen können. Allein das Lesen von Beschreibungen und das Anschauen von Bildern in Bestimmungsbüchern reicht dafür nicht aus. In der Pilzkunde kann man auch von „kennen" sprechen: Wer einen Pilz „kennt", hat ihn schon einmal gefunden und untersucht und ihn dabei mit allen Sinnen abgetastet. Er hat die **Merkmalsausprägungen** der jeweiligen Art erfasst und sie verstanden. Viele Arten unterscheiden sich durch ihren spezifischen **Geruch**, durch kleine **Schüppchen** auf der Stieloberfläche oder ihren ganz eigentümlichen **Lamellenansatz**.

Einige dieser sichtbaren Merkmale sind in vielen Büchern nicht detailliert abgebildet und nur anhand der Beschreibung nachvollziehbar. Hinzu kommt, dass vor allem die Witterung Pilzfruchtkörper extrem variabel macht und man mit dem reinen Bildvergleich sehr schnell aufs falsche Gleis gerät. In den umfangreicheren Büchern mit vielen abgebildeten Arten werden Sie häufig **Bestimmungsschlüssel** finden, mit deren Hilfe man die Arten nur anhand ihrer Merkmale ermittelt. Dabei herrscht vor allem der dichotome Schlüssel vor, der an jedem Punkt zwei Möglichkeiten bietet. So wird zum Beispiel die Frage gestellt, ob die Hutoberfläche schuppig oder glatt ist. Ist sie glatt, geht es bei der nächsten Frage weiter, ist sie schuppig, gelangt man zu einer

Der Karbolegerling ist deutlich am unangenehmen Geruch zu erkennen.

anderen Frage und so weiter. Auf diese Weise wird man über verschiedene Wege geführt und kommt am Ende im besten Fall zu einem plausiblen Ergebnis, bei dem sowohl die Beschreibung als auch die Abbildung der Art mit dem vorliegenden Fund übereinstimmen. Dies sollte möglichst für alle Merkmale aus der Beschreibung gelten. Hat ihr Fund zum Beispiel keinen Ring, der aber in der Beschreibung erwähnt ist und dazu noch sehr beständig sein soll, dann muss man die Bestimmung nochmals überprüfen.

Pilzsachverständige

Wenn Sie sich dann immer noch nicht sicher sind, haben Sie stets die Möglichkeit, die Funde einem örtlichen Pilzsachverständigen vorzulegen, der Ihnen bei der Bestimmung gerne weiterhilft.

Welche Arten sind bei Pilzsammlern gefragt?

Die Genießbarkeit von Pilzen interessiert uns Menschen seit Jahrtausenden. Von jeher waren sie als Genussmittel geschätzt oder dienten dazu, Hungerperioden zu überstehen. Auch spielte im Zusammenhang mit Pilzen Kennerschaft schon immer eine Rolle. So ist belegt, dass die Römer zur Kaiserzeit ganz besonders gerne den in Südeuropa verbreiteten **Kaiserling** (*Amanita caesarea*) servierten, da dieser nicht nur wohlschmeckend war, sondern nur von ausgewählten Personen genutzt werden konnte, die den Pilz und seine Merkmale genauestens kannten. Denn auch zur Römerzeit gab es Giftpilze wie den Grünen Knollenblätterpilz (*Amanita phalloides*) und den Fliegenpilz (*Amanita muscaria*), welche unachtsamen Sammlern zum Verhängnis werden konnten. Eine ähnliche Tradition dürften vor allem in Frankreich und Italien die **Echten Trüffeln** (*Tuber* spp.) haben, die weltweit zu den größten und daher auch teuersten Delikatessen gehören. Auch wenn diese Pilzarten in Mitteleuropa nicht sehr häufig sind oder die Suche nach ihnen aufgrund ihrer unterirdischen Erscheinungsweise recht aufwendig ist, gibt es doch zahlreiche Speisepilze, die wir gerne für Gerichte aller Art verwenden. Zu den kulinarischen Highlights gehören ohne Zweifel **Steinpilz** (*Boletus edulis*), **Pfifferling** (*Cantharellus cibarius*), verschiedene essbare **Täublinge** (*Russula* spp.), der **Maronenröhrling** (*Boletus badius*) und der **Parasolpilz** (*Macrolepiota procera*).

Mit welchen Arten kann man als Einsteiger wenig falsch machen?

Wer zum ersten Mal Pilze sammelt, hat bestimmt Respekt vor den **hochgiftigen Arten**, deren Verzehr bei Verwechslung zu längeren Krankenhausaufenthalten oder sogar zum Tod führen kann. Um diesem Schicksal aus dem Weg zu gehen, benötigt man **Erfahrung**. Viele frischgebackene Sammler fragen sich da: Mit welcher Pilzgruppe kann ich am wenigsten Fehler machen?

Schauen wir uns zunächst einmal an, welche Gruppen wir in Mitteleuropa überhaupt vorfinden. Die Lamellenpilze bilden die weitaus größte Pilzgruppe, in der zwar sehr viele essbare und sogar wohlschmeckende Arten versammelt sind, aber eben auch die meisten tödlich giftigen.

Es sei dem Laien daher nicht empfohlen, seine ersten Erfahrungen ausgerechnet mit dieser Gruppe machen zu wollen.

Wesentlich **einfacher** sind da schon die **Röhrlinge** zu handhaben, von denen es in Mitteleuropa knapp 90 Arten gibt. Davon sind gerade mal ein halbes Dutzend leicht bis mäßig giftig, darunter der Satansröhrling (*Rubroboletus satanas*), der Wolfsröhrling (*Rubroboletus lupinus*) sowie der Gallenröhrling (*Tylopilus felleus*). Wenn man alle grauhütigen, rotporigen Röhrlinge und solche mit rosafarbenen Poren und deutlichem Stielnetz meidet, ist die Gefahr einer Vergiftung recht gering, zumal die genannten Arten bis auf den Gallenröhrling nahezu überall eher selten sind. Als weitere Gruppe seien dem Laien die **Leistlinge** empfohlen, unter denen es keinen einzigen Giftpilz gibt. Aber Vorsicht: Hier sollte man sich unbedingt den Unterschied zwischen Leisten und Lamellen anschauen. Wer diesen Unterschied verstanden hat, der kann Leistlinge ohne Sorgen sammeln. Auch bei hellen, im jungen Alter weißlichen **Bauchpilzen**, also den Stäublingen und Bovisten, kann man nicht viel falsch machen. Man muss vor dem Verzehr nur darauf achten, dass die Fruchtkörper auch innen noch weiß und massiv sind, andernfalls gehören sie nicht ins Pilzgericht. Zu den essbaren Arten zählen der Riesenbovist (*Calvatia gigantea*), der Eierbovist (*Bovista nigrescens*) sowie der Flaschenstäubling (*Lycoperdon perlatum*).

Ein stattlicher Steinpilz

Auch die **Täublinge** (*Russula* spp.) und die **Milchlinge** (*Lactarius* spp.) sind leicht erkennbare Pilzarten, obschon sie recht variabel und in vielfältigen Farben auftreten können. Hat man einen Täubling oder Milchling einwandfrei als solchen erkannt, kann man nach der **Täublingsregel** die Arten in ungenießbar und essbar unterteilen. Dabei hilft eine kleine Geschmacksprobe, die entweder mild, scharf oder bitter ausfällt. Alle mild schmeckenden Arten sind essbar, alle bitteren oder scharfen ungenießbar.

Für Fortgeschrittene

Für alle anderen Gruppen, also die Keulen und Korallen, die Porlinge, Stachelinge und besonders die Lamellenpilze, bedarf es einiger Vorkenntnisse. Die erlangt man am besten auf geführten Exkursionen oder in Kursen, bei denen Fachleute die entsprechenden Pilzarten vor Ort erklären. Das so gewonnene Wissen kann man dann bei zukünftigen Exkursionen anwenden.

Was brauche ich zum Pilzesammeln?

Die Ausrüstung fürs Pilzesammeln ist schnell aufgezählt. Ein Korb gehört dazu, ein Pilzmesser, festes Schuhwerk, möglichst zeckensichere, dichte Kleidung und ein kleines Nachschlagewerk, mit dem man Funde vergleichen kann. Der **Korb** darf luftig geflochten sein und sollte genug Platz für ein halbes bis ein Kilo Pilze bieten. Keinesfalls darf man eine Plastiktüte nehmen: In ihr bekommen Ihre Sammelfrüchte keine Luft und zerdrücken sich gegenseitig. Die Folge sind beschleunigte Zersetzungsprozesse, die die ganze Ausbeute unbrauchbar machen. Das **Pilzmesser** sollte scharf sein, damit man die sicher bestimmten Exemplare vom gröbsten Schmutz befreien kann, wobei man auch die größten Fraßstellen wegschneidet und bei bestimmten Arten die Huthaut abzieht.

Je nachdem, wo man Pilzesammeln geht, ist das **Zeckenrisiko** unterschiedlich hoch. Manche Regionen sind fast frei von Zecken, während sie woanders zahlreich sind und

Zum Pilzesammeln braucht man einen luftigen Korb und ein scharfes Messer.

außerdem Krankheiten wie FSME, die Frühsommer-Hirnhautentzündung, oder Borreliose übertragen können. Zecken brauchen eine gewisse Feuchtigkeit und eine Temperatur um 15 bis 24 Grad. Anders als man früher glaubte, stoßen sie sich nicht nur von hohem Gras ab, sondern sitzen auch an hängenden Ästen und Blättern und lassen sich auf den daran entlangmarschierenden Wirt herabfallen. Um auch im Gestrüpp zeckenfrei zu bleiben, sind daher **Stiefel** oder zumindest gut abschließende Schuhe ratsam. Wer in kurzer Hose durch den Wald streift, muss sich nicht beklagen, wenn er anschließend damit beschäftigt ist, die lästigen Tiere zu entfernen.

Nachschlagewerke gibt es in großer Auswahl im Buchhandel zu kaufen. Sehr praktisch sind Bücher, die in die Hemden- oder Hosentasche passen und gegen Schmutz und Nässe unempfindlich sind. Vergessen Sie aber nie, dass Pilze in natura immer anders aussehen als auf den Fotos in den Büchern. Die Witterung, Insektenfraß und das Alter der Fruchtkörper können das Erscheinungsbild der Pilze erheblich verändern. Auch Wachstumsstörungen können vorkommen, sodass bisweilen hier ein Fruchtkörper aus zwei Hüten besteht, dort ein Hut keine oder übermäßig viele Hüllreste aufweist oder Stiele auffallend gekrümmt und deformiert sind.

Worauf sollten Pilzsammler achten?

Wer sich in der Natur aufhält, sollte gewisse Regeln beachten. Dazu gehört vor allem der **Respekt vor dem Leben**, sei es nun tierisches oder pflanzliches. Hinterlassen Sie keinen Abfall und zerstören Sie nicht mutwillig das, was die Natur hervorgebracht hat. Noch bis vor gar nicht langer Zeit glaubte man, man dürfe giftige Pflanzen oder Pilze bedenkenlos vernichten, da sie ja schließlich in unserem Ökosystem keine Aufgabe hätten und für den menschli-

Pilze sind Schmuckstücke und ökologisch unverzichtbar für den Wald (hier Amethyst-Pfifferlinge).

chen Organismus nur schädlich seien. Dieser Irrglaube ist zum Glück längst widerlegt, nachdem man zeigen konnte, dass Pilzarten völlig ungeachtet ihres Speisewerts **wichtige Funktionen im Naturhaushalt** übernehmen, ohne die auch wir Menschen nicht lange überleben könnten. Respektieren Sie daher auch die giftigen Arten und machen Sie sich klar, dass jeder Organismus in der Ordnung der Natur seinen ganz bestimmten Platz hat. Beachten Sie auch unbedingt die **Sammelbeschränkungen**, die in der online einsehbaren Bundesartenschutzverordnung sowie den Naturschutzgesetzen der Länder verankert sind. Bestimmte Speisepilze sind selten und daher geschützt, sie dürfen nicht oder nur in geringen Mengen gesammelt werden. Andere Arten mögen regional häufig sein, doch das sollte nicht dazu verleiten, alles einzusammeln, was einem in die Quere kommt. Denn erstens möchte man auch den anderen Sammlern die Chance lassen, etwas abzubekommen, und zweitens ist es unverantwortlich, selbst noch die kleinsten Exemplare einzusammeln, die sich mengenmäßig ohnehin nicht lohnen.

Die beste Erntemethode: Abschneiden oder Herausdrehen?

Dies ist eine der am häufigsten gestellten Fragen. Prinzipiell kann man dazu sagen, dass es **für das Überleben eines Pilzes gleich** ist, ob der Fruchtkörper nun herausgedreht oder abgeschnitten wird. Viele glauben, nach dem Abschneiden würde die im Boden zurückbleibende Basis verfaulen und der Organismus dadurch Schaden nehmen. Dieser Vorstellung lässt sich mit dem Argument begegnen, dass auch Tiere wie Rehe, Wildschweine, Insekten und Schnecken die Fruchtkörper der Pilze genießen und häufig Reste übrig lassen, ohne dass dem Myzel ein Schaden daraus entstünde. Zudem verfaulen die Fruchtkörper mit der Zeit ja ohnehin. Dem Pilzsammler sei aber angeraten, besonders jene Pilze vorsichtig herauszudrehen, die er nicht genau kennt, damit er sie später selbst bestimmen oder sie zu diesem Zweck einem Pilzsachverständigen vorlegen kann. Denn die **Stielbasis trägt wichtige Merkmale**, die für die Bestimmung häufig unverzichtbar sind. Ganz wichtig ist das beispielsweise im Fall des Pantherpilzes (*Amanita pantherina*), der von essbaren Arten wie Perlpilz (*Amanita rubescens*) oder Grauer Wulstling (*Amanita excelsa*) vor allem anhand der Stielbasis eindeutig zu unterscheiden ist.

Beim Herausdrehen sieht man die Stielbasis, hier im Vergleich von links nach rechts beim Narzissengelben Wulstling, beim Fliegenpilz und beim Pantherpilz.

Wie haltbar sind Pilze?

Die Haltbarkeit von Pilzen ist von Art zu Art verschieden und hängt vom allgemeinen Zustand ihrer Fruchtkörper ab. Der **Befall durch Insekten** oder andere Pilze mindert die Haltbarkeit ebenso wie **übermäßige Feuchtigkeit**, denn Pilze nehmen Wasser in großen Mengen auf, während die Fruchtkörper bei langen Trockenperioden runzelig werden und dann unappetitlich aussehen. Solche Exemplare sind nicht für den Verzehr geeignet und können sogar erhebliche **Verdauungsschwierigkeiten** einschließlich Erbrechen und Durchfall bewirken. Die gesammelten Fruchtkörper also bitte unbedingt auf ihre Konsistenz prüfen. Beim Steinpilz gilt zum Beispiel folgende Regel: Kann man die Hutoberfläche mit dem Finger eindrücken und bleibt der Abdruck danach noch länger sichtbar, ist das Exemplar überständig und sollte nicht gegessen werden.

Bestimmte Pilzarten haben von Natur aus nur sehr **kurze Haltbarkeiten**. Der Schopftintling (*Coprinus comatus*) zum Beispiel ist mit seinen stattlichen Fruchtkörpern ein hervorragender Speisepilz, doch er vergeht recht schnell. Ob er noch genießbar ist, kann man leicht an einem **Quer-**

Schopftintlinge: Das „tintige“ Exemplar rechts oben sollten Sie nicht mehr verzehren.

schnitt durch den Hut erkennen: Färben sich die Lamellen vom Rand her zunächst rosa und weiter über violett zu schwarz, dann ist der Fund unbrauchbar. Gleiches gilt auch für Boviste und Stäublinge, deren Fleisch im jungen Zustand weiß und fest ist, im Alter aber braun und weich wird und dann ungenießbar ist. Manche Arten werden außerdem **mit zunehmendem Alter bitter**, sodass man annehmen könnte, man habe sich bei der Pilzbestimmung vertan und aus Versehen einen falschen Pilz in die Pfanne gemischt.

Gefrorene Pilze

Bei Winterpilzen wie dem Samtfußrübling (*Flammulina velutipes*) oder dem Austernseitling (*Pleurotus ostreatus*) kann man bedenkenlos gefrorene Fruchtkörper sammeln, da diese Arten an ein Wachstum bei Minustemperaturen angepasst sind und ihre Zellen den Frost überstehen. Dies gilt aber nicht für Arten wie den Steinpilz, der zwar bei milden Temperaturen bis in den Dezember hinein zu finden ist, bei den ersten Frösten allerdings sein Wachstum einstellt. Seine Fruchtkörper sind dann nicht mehr verwendbar, da sie durch den Frost geschädigt werden.

Auch ist die Regel zu beachten, dass man **Wildpilze generell nicht roh verzehren** sollte. Viele essbare Arten, darunter auch sehr gute Speisepilze wie die Birken-Rotkappe (*Leccinum versipelle*), sind roh genossen stark giftig und werden erst beim Garen ungefährlich. Dies liegt an giftigen Inhaltsstoffen, die beim Erhitzen zerstört werden. Für die **Täublinge** gibt es eine kleine Ausnahme, denn bei ihnen darf der Sammler eine winzige Geschmacksprobe nehmen, um den vorliegenden Fund zu bestimmen (siehe Seite 19).

Was tun bei einer Pilzvergiftung?

Eine Pilzvergiftung ist in jedem Fall eine ernste Sache und sollte **niemals auf die leichte Schulter** genommen werden. Manche Pilzarten, wie etwa der Grüne Knollenblätterpilz (*Amanita phalloides*), rufen Vergiftungen hervor, bei denen die Symptome nach einer ersten Hochphase nahezu verschwinden, während jedoch die Giftstoffe im Körper Nieren und Leber weiter schädigen. Aus diesem Grund sollten Sie bei einer Pilzvergiftung **sofort die Giftnotrufzentrale** kontaktieren. Diese wird versuchen, einen Pilzsachverständigen aus der Umgebung heranzuziehen, der im dringenden Notfall auch ins Krankenhaus kommt und Putzreste oder Erbrochenes auf Spuren von Pilzen untersucht, um die Art zu identifizieren und mögliche Maßnahmen mit dem Arzt zu besprechen. Um dem Pilzsachverständigen die Arbeit zu erleichtern, sollten Erbrochenes, Putzreste und Reste der

Sie sehen harmlos aus, ähneln dem Stockschwämmchen und sind doch extrem giftig: Gifthäublinge.

Mahlzeit aufbewahrt und mit ins Krankenhaus genommen werden. Von einer Selbstbehandlung mit Herbeiführen des Erbrechens oder Einnahme von Aktivkohle wird dringend abgeraten.

Wo kann man sich weiterbilden?

Weiterbilden kann man sich zum Beispiel in den Lehrstätten der **Deutschen Gesellschaft für Mykologie** (DGfM), etwa bei uns in Hornberg (Schwarzwald) oder in Bad Laasphe (Sauerland) oder Oberhof (Thüringen) sowie an anderen Orten, die auf der Homepage der DGfM aufgelistet sind. Eben dort gibt es außerdem eine Liste der in Deutschland tätigen **Pilzsachverständigen**, die in Pilzfragen beraten. An sie kann sich jeder wenden, der sich bei seiner Pilzbestimmung unsicher ist oder einfach weitere Informationen zu bestimmten Pilzen sucht. Einige dieser Sachverständigen bieten außerdem **Exkursionen** an, eine nach wie vor sehr nützliche Methode, um Pilze kennenzulernen und sich weiteres Wissen anzueignen.

Wem das nicht reicht, dem bieten sich weitere Möglichkeiten: die Literatur und das Internet. **Bücher** und **Zeitschriften**, zunehmend auch in elektronischer Form, liefern Unmengen an Informationen über sämtliche Pilzarten, ihre Unterscheidungsmerkmale, ihr Vorkommen und die enthaltenen Giftstoffe. Daneben geben auch verschiedene **Pilzvereine** Zeitschriften heraus, die regelmäßig mehrmals im Jahr erscheinen.

Das **Internet** oder Apps dagegen sind mit Vorsicht zu genießen, da nie ausgeschlossen werden kann, dass dort gezeigte Pilzarten falsch bestimmt sind. Der reine Bildvergleich, mit dem auch viele Pilzbestimmungsapps arbeiten, reicht ohnehin zur sicheren Artbestimmung nicht aus. Viel bedeutender sind dagegen bestimmte **Pilzforen** (siehe Seite 125), in denen sich zahlreiche Experten tummeln und auf gestellte Fragen relativ rasch und kompetent antworten.

RÖHRLINGE

Flockenstieliger und Netzstieliger Hexenröhrling

Essbar, guter Speisepilz

Wo und wann findet man Hexenröhrlinge?

Der Flockenstielige Hexenröhrling (*Neoboletus luridiformis*) ist in Regionen mit saurem Boden einer der häufigsten Röhrlinge. Er kommt in Laub-, Nadel- und Laub-Nadel-Mischwäldern vor, sehr gerne wächst er in Fichtenwäldern, an Wegrändern im dichten Moos, an lichten Stellen, aber auch unter Buchen im Laub, wo er jedoch aufgrund der dunkelbraunen Hutfarbe nicht leicht zu erkennen ist. Der Netzstielige Hexenröhrling (*Suillellus luridus*) wächst ebenfalls gerne in Fichtenwäldern, an Wegrändern und zwischen

Flockenstieliger Hexenröhrling

- Dickfleischige Fruchtkörper mit roten Röhrenmündungen, dunkelbraunem Hut und gelblich-rötlichem Stiel
- Stieloberfläche mit feinen Flocken, ohne Netz
- Nach Anschnitt und Berührung stark blauendes Fleisch
- Wächst in Laub- und Nadelwäldern

Moosen, allerdings auf kalkhaltigem Untergrund. In manchen Regionen mit vorwiegend sauren Böden fehlt diese Art daher völlig. Beide Arten sind vorwiegend zwischen **Mai und Oktober** anzutreffen, wobei der Flockenstielige Hexenröhrling meist etwas früher erscheint.

Wie unterscheide ich den Flockenstieligen vom Netzstieligen Hexenröhrling und wie diese beiden vom Satanspilz?

Der gut essbare Flockenstielige Hexenröhrling kennzeichnet sich durch bis zu 250 mm breite, meist **dunkelbraune Hüte** mit feinsamtiger Oberfläche. Auf der Hutunterseite erkennt man die rötlichen Poren, der zylindrische bis leicht keulige **Stiel ist mit feinen rötlichen Flocken überzogen**, denen der Pilz seinen Namen verdankt. Nach dem Anschnitt oder an Fraßspuren zeigt sich eine deutliche blaue Verfärbung. Den bisweilen unverträglichen, aber ebenfalls essbaren Netzstieligen Hexenröhrling erkennt man an den **leder- bis haselnussbraunen Hüten** und dem mit einem **rötlichen Netz** überzogenen Stiel. Trennt man die Röhren vom Hut ab, sieht man, dass hier der **Röhrenboden rot** ist, während er beim Flockenstieligen Hexenröhrling eine gelbe Farbe hat. Dies ist ein wichtiges Unterscheidungsmerkmal, das unbedingt beachtet werden muss. Auch wächst der Netzstielige Hexenröhrling im Gegensatz zum Flockenstieligen **auf kalkhaltigen Böden**, einem Standort, den er bisweilen mit einem giftigen Doppelgänger, dem Satanspilz teilt.

Der gefährlich giftige **Satanspilz** (*Rubroboletus satanas*, siehe Seite 37), der auch Satansröhrling heißt, unterscheidet sich von beiden genannten

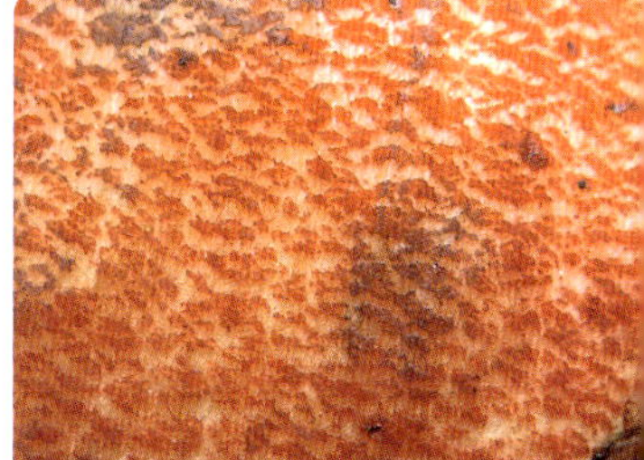

Rötliche Flocken am Stiel

Blaue Verfärbung beim Flockenstieligen Hexenröhrling

Hexenröhrlingen durch einen **grauweißen, oft sehr blassen Hut** und einen zur Spitze hin gelblichen, abwärts rötlich werdenden Stiel, der **ein deutliches, gelblich bis rötlich gefärbtes Netz** aufweist. Außerdem ist der Röhrenboden wie beim Flockenstieligen Hexenröhrling gelb. Die seltene Art liebt wärmebegünstigte Standorte und ist daher gerne an Südhängen mit offenem Eichenbewuchs anzutreffen. Anders als bei den erwähnten Hexenröhrlingen ist sein Fleisch nach Verletzung **nur mäßig blauend**.

Sagt das Blauen bei Pilzen etwas über ihre Giftigkeit aus?

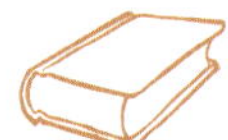

Dass das Blauen eines Pilzes nach Verletzung ein Kriterium für seine Giftigkeit sei, ist ein uralter Aberglaube. Die chemischen Reaktionen, die zur Verblauung führen, waren damals unbekannt, und so bemühte man magische Kräfte und bezeichnete die Fruchtkörper kurzerhand als „Hexenpilze", ein Name, den neben den hier genannten noch ein paar weitere Röhrlingsarten aus diversen Gattungen bis heute tragen. Dem schlechten Ruf der Hexen gemäß nahm man an, die Pilze seien für den Menschen giftig, und stellte sie auf die Liste der gefährlichen Arten. Heute weiß man, dass das Blauen auf der **Reaktion eines Inhaltsstoffes mit dem Sauerstoff der Luft** beruht und mit der Giftigkeit von Pilzen keinerlei Verbindung hat. Und dennoch geht bei Exkursionen regelmäßig ein Raunen durch die Menge, wenn zur Demonstration ein Hexenröhrling angeschnitten wird.

Netzstieliger Hexenröhrling

Ich habe gehört, der Netzstielige Hexenröhrling sei in Verbindung mit Alkohol giftig. Stimmt das?

Der Netzstielige Hexenröhrling wird nach derzeitigem Kenntnisstand als „Pilz mit uneinheitlichem Speisewert" eingestuft. Dafür gibt es eine Liste, die von der Deutschen Gesellschaft für Mykologie herausgegeben wird. Grund dafür sind noch **unbekannte Inhaltsstoffe**, über deren Giftwirkung bislang nichts bekannt ist. Lange Zeit nahm man an, der Pilz enthalte Coprin, einen Stoff, der in Verbindung mit Alkohol zu schweren Vergiftungen führt, da er den Alkoholabbau im Körper unterbindet. Dieser Stoff, der von einigen Tintlingen (*Coprinopsis* spp., *Coprinellus* spp.) bekannt ist, wurde jedoch beim Netzstieligen Hexenröhrling eindeutig nicht nachgewiesen.

Wie sieht es mit dem Flockenstieligen Hexenröhrling aus, kann man ihn zusammen mit Alkohol genießen?

Den Flockenstieligen Hexenröhrling können Sie getrost bei einem Glas Wein genießen. Es wurden bei ihm keine Inhaltsstoffe nachgewiesen, die in Verbindung mit Alkohol zu Vergiftungen führen könnten. Allerdings muss man ihn wie viele andere Röhrlinge vor dem Verzehr **unbedingt garen**. Das liegt an Stoffen, die für uns im rohen Pilz giftig sind, beim Erhitzen jedoch zerfallen und dadurch unschädlich werden. Die Art steht also ganz zu Recht auf der Positivliste der Speisepilze. Sie hat sehr ergiebige Fruchtkörper, die zudem meist frei von Maden sind.

Steinpilz

Essbar, guter Speisepilz

Wie unterscheide ich einen Steinpilz vom Gallenröhrling?

Der Steinpilz (*Boletus edulis*) ist ein stattlicher, dickstieliger Röhrling, der **jung helle, fast weißliche Röhrenmündungen** besitzt, die sich mit zunehmendem Alter des Pilzes oliv-gelblich färben. Ein wichtiges Merkmal ist sein **weißliches Stielnetz** auf blassbräunlichem Untergrund. Der ungiftige, aber scheußlich bittere Gallenröhrling (*Tylopilus felleus*) ähnelt ihm von oben gesehen, und kann daher vor allem dann mit dem Steinpilz verwechselt werden, wenn man die gesammelten Exemplare nur flüchtig betrachtet. Schaut man jedoch genauer hin, wird man schnell bemerken, dass die **Röhrenmündungen des Gallenröhrlings** anders als beim Steinpilz **jung blassrosa** sind und mit zunehmendem Alter weit ins Rosabräunliche übergehen. Neben diesem Farbunterschied kann man zusätzlich ein sehr viel deutlicher ausgebildetes, **braunes bis dunkelbraunes Netz** erkennen, das den ansonsten haselnussbräunlichen Stiel überzieht.

Steinpilz

- Röhrenmündungen jung weiß, später olivgrün
- Stielnetz weißlich auf bräunlichem Grund
- Milder Geschmack

Wer es darauf anlegt, kann zur Unterscheidung eine Geschmacksprobe nehmen, natürlich nur, wenn sicher feststeht, dass man Steinpilz oder Gallenröhrling vor sich hat. Dazu nimmt man ein kleines Stück vom Pilz und spuckt es nach kurzem Kauen wieder aus. Hat man einen bitteren Geschmack im Mund, handelt es sich um den Gallenröhrling – den man dann sogar freiwillig stehen lässt. Aber Vorsicht, die Unterscheidung nur anhand des Geschmacks kann auch fehlleiten, wenn man die Bitterstoffe nicht schmecken kann.

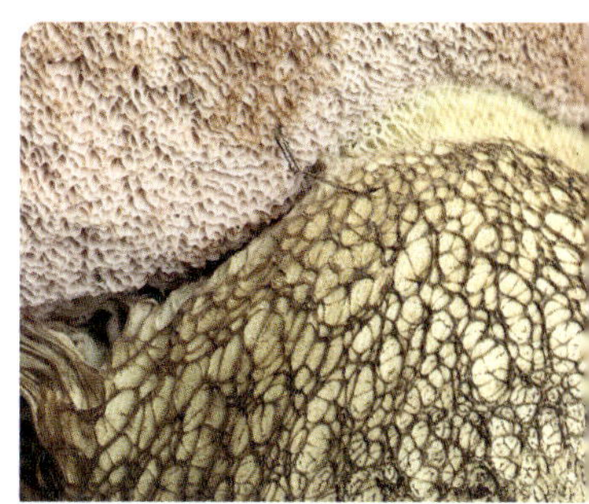

Gallenröhrling mit braunem Stielnetz

Meine Steinpilzfunde sehen immer anders aus. Manche haben dunklere, manche hellere Hüte. Handelt es sich dann um verschiedene Arten?

Ja, das ist durchaus möglich. In Mitteleuropa wachsen verschiedene Steinpilzarten, nämlich der **Schwarzhütige Steinpilz** (*Boletus aereus*), der **Sommersteinpilz** (*Boletus reticulatus*), der **Fichten-Steinpilz** oder auch Herrenpilz (*Boletus edulis*), der **Kiefern-Steinpilz** (*Boletus pinophilus*) sowie weitere Varietäten und Formen, die sich zum Beispiel durch unterschiedliche ökologische Ansprüche auszeichnen. Relativ häufig und verbreitet ist davon nur der Fichten-Steinpilz, der gerne in jungen Fichtenwäldern wächst, aber auch in Laubwäldern bei Buchen und Eichen vorkommen kann. Alle diese Steinpilzarten gelten als **sehr gute Speisepilze**, wobei der Schwarzhütige und der Kiefern-Steinpilz derzeit auf der Roten Liste stehen. Sie gelten also als schützenswert, weshalb man sie nicht sammeln sollte. Stößt man allerdings **an einem einzigen Standort** auf etwas unterschiedlich gefärbte Exemplare,

Sommersteinpilze sind meist sehr hell.

dürfte es sich dabei um **Variationen des Fichten-Steinpilzes** handeln, der vor allem in seiner Hutfarbe recht variabel ist. Vorsicht geboten ist aber dann, wenn die Röhrenmündungen nicht weißlich und im Alter nicht olivgelblich sind, sondern rosafarben. Dann besteht der dringende Verdacht, dass Sie es mit einem Gallenröhrling zu tun haben.

Ich habe relativ große Steinpilze gefunden. Kann man die noch essen?

Jeder Sammler muss selbst beurteilen, ob es sich lohnt, alte oder angefressene und mit Maden durchsetzte Exemplare mitzunehmen. Generell geht man wie folgt vor: Die Fruchtkörper dreht man vorsichtig aus dem Boden und entfernt anhaftende Erde. **Insektenbefall** beginnt in der Regel **in der Stielbasis**. Wenn diese also frei von Fraßgängen ist, kann man relativ sicher sein, dass auch der übrige Fruchtkörper keine unerwünschten Untermieter hat. Finden sich Fraßgänge aber schon in der Stielbasis, schneidet man Stück für Stück weitere Teile von dem Fruchtkörper ab, bis irgendwann entweder die Hinweise auf Insektenbefall verschwinden oder aber man am letzten Hutstück angekommen ist und sich das Mitnehmen des Fundes ohnehin erübrigt hat. Junge, feste Fruchtkörper sind in der Regel weniger oft befallen als alte.

Generell gilt: Da Pilze, vor allem Steinpilze, relativ viel Eiweiß enthalten, sind sie **nur begrenzte Zeit haltbar**. Ältere Fruchtkörper sollte man sich daher genauer anschauen und dabei auch auf Schimmelbefall achten. Man kann den Hut vorsichtig zusammendrücken. Fühlt der sich an wie ein weicher Schwamm oder bleiben Dellen zurück, lässt man den Fruchtkörper lieber zurück.

Der Verzehr zu alter Fruchtkörper kann im schlimmsten Fall sogar zu einer Lebensmittelvergiftung führen. Verdorbene Pilze lassen sich durchaus mit verdorbenem Fleisch vergleichen, und wer will das schon probieren?

Satansröhrling Giftig

Wie erkenne ich einen Satansröhrling?

Der Satansröhrling oder Satanspilz (*Rubroboletus satanas*) ist gut zu erkennen an den grauweißen, je nach Lichteinfall **sehr hellen Hüten**, den rötlichen Poren mit dem gelben Röhrenboden sowie dem oben gelb, abwärts rötlich gefärbten Stiel mit dem gut ausgebildeten Stielnetz. Nach Verletzung verfärbt sich das Fleisch nur mäßig blau. Diese Art bildet recht stämmige Fruchtkörper mit bis zu 300 mm breiten Hüten und klobigen, bauchig verdickten Stielen. Der Satanspilz wächst gerne bei Eichen und Buchen auf kalkhaltigem Boden, vorzugsweise an Südhängen mit starker Wärmeeinstrahlung, weshalb er vor allem im nördlichen Mitteleuropa seltener anzutreffen ist. Es werden häufig auch Funde innerhalb von Städten gemeldet, wo der Satansröhrling gerne auf Friedhöfen, in Parkanlagen und sogar an Straßenrändern wächst.

Satansröhrling

- Fruchtkörper stämmig, mit keulig verdicktem Stiel, roten Röhrenmündungen und grauweißem Hut
- Stieloberfläche mit einem deutlichen, rötlichen Netz
- Nach Anschnitt und Berührung nur schwach blauend
- An wärmebegünstigten Standorten bei Eichen

Wie giftig ist der Satansröhrling eigentlich?

Der Satansröhrling ist laut verschiedenen Literaturquellen **mäßig bis stark giftig**. Dies liegt an den enthaltenen **Lektinen** und anderen, bisher unbekannten Inhaltsstoffen. Nach einer Latenzzeit von 15 Minuten bis vier Stunden kommt es zu Übelkeit, Leibschmerzen, Brechdurchfall und Schleimhautblutungen. Die Einweisung in ein Krankenhaus ist im Vergiftungsfall überaus ratsam, da die Zahl der roten Blutkörperchen stark sinkt und es durch die heftigen Durchfälle zu Elektrolytverlust kommt. Im schlimmsten Fall kann das **durchaus lebensbedrohlich** sein.

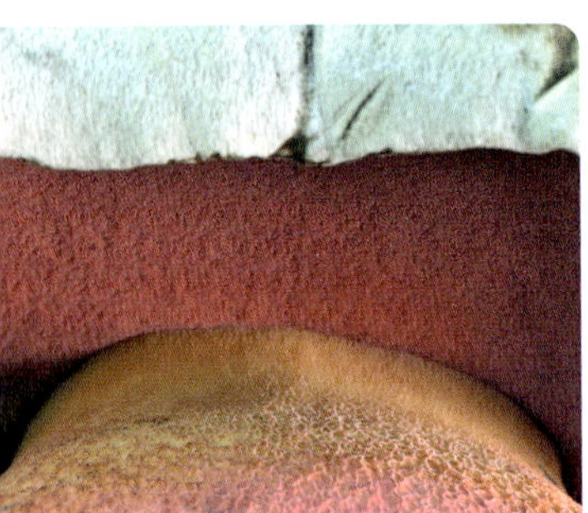

Rötliche Poren und oben gelb gefärbter Stiel

Ist der Satansröhrling der einzige giftige Röhrling in Mitteleuropa?

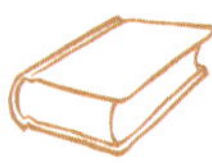

Neben dem Satansröhrling gibt es bei uns noch einige weitere Arten aus der Gattung der Dickröhrlinge, die als giftig oder zumindest als giftverdächtig einzustufen sind. Hierzu gehören der **Wolfsröhrling** (*Rubroboletus lupinus*) und der **Schönfußröhrling** (*Caloboletus calopus*), der dem Satansröhrling sehr ähnlich ist. Zweiterer ist vor allem im südlichen Deutschland sehr verbreitet und wird hier und da mit dem Flockenstieligen Hexenröhrling verwechselt. Der Schönfußröhrling hat jedoch gelbe Poren und außerdem ein ausgeprägtes Stielnetz. Er gilt roh als giftig und kann selbst nach Erhitzen noch zu Erbrechen und Durchfällen führen.

Maronenröhrling

Essbar, guter Speisepilz

Wie variabel kann der Maronenröhrling sein?

Der Maronenröhrling (*Imleria badia*), auch schlicht Marone genannt, tritt in verschiedenen Variationen auf. Dennoch gibt es von dieser Art keine eigenständig beschriebenen Formen oder Varietäten, da die Unterschiede dafür nicht ausreichen. Trotzdem entdeckt man Fruchtkörper mit **dunkel kastanienbraunen**, aber auch mit **hell lederbraunen** Hüten. Außerdem kann die Oberfläche der meist schön gewölbten Hüte je nach Witterung **matt und samtig** oder **glänzend und schmierig** sein. Im letzteren Fall kann es durchaus zu Verwechslungen mit dem farblich ähnlichen Butterröhrling (*Suillus luteus*) kommen, der jedoch an zweinadelige Kiefern gebunden ist. Aufgrund der bei trockenem Wetter filzigen Hutoberfläche wurde der Maronenröhrling lange Zeit in der Gattung der Filzröhrlinge (*Xerocomus*) geführt. Neuere Untersuchungen haben jedoch dafür gesorgt, dass er eine eigene Gattung namens *Imleria* bekommen hat.

Maronenröhrling

- Mittelgroßer Pilz mit zylindrischem Stiel
- Kein Stielnetz, sondern braune Längsfaserung
- Unter Fichten

Maronen blauen bei Verletzung nicht immer deutlich.

Sehr variabel kann auch **das Blauen** der Fruchtkörper sein. Es entsteht dadurch, dass der Inhaltsstoff Xerocomsäure an der Luft oxidiert und sich an den verletzten Stellen blau färbt. Säuren wie diese sind unter anderem dafür verantwortlich, dass Röhrlinge und damit auch der Maronenröhrling oft in rohem Zustand als giftig gelten. Stämmige, dickstielige Fruchtkörper von Maronenröhrlingen können bei flüchtiger Betrachtung auch für Steinpilze gehalten werden, wobei diese Verwechslung nicht weiter tragisch wäre, da beide Arten hervorragende Speisepilze sind.

Sind die Fruchtkörper der Marone heute noch radioaktiv verseucht?

Das Reaktorunglück von **Tschernobyl** liegt nun schon über 36 Jahre zurück und noch immer kann man in bestimmten Pilzarten das damals über ganz Europa verteilte Radioisotop **Caesium 137** nachweisen. Der Maronenröhrling ist einer jener Pilze, die den radioaktiven Stoff **überdurchschnittlich stark angereichert** haben, da er in seiner Hutoberfläche Stoffe enthält, die das Caesium an sich binden. Über den Regen, der nach dem Unfall vor allem über Süddeutschland niederging, haben sich Caesium und andere strahlende Substanzen im Boden konzentriert und sind von dort in die Pflanzen und Pilze gelangt. Radioaktive Stoffe bauen sich nur sehr langsam ab, sodass es mehrere 100 Jahre dauern kann, bis die Konzentration unter der für die Gesundheit schädlichen Grenze liegt. Generell gilt, dass die radioaktive Belastung **600 Becquerel pro Kilogramm Pilze** nicht überschreiten sollte. Aufgrund des regional unterschiedlichen radioaktiven Fallouts variieren auch die gemessenen Werte. So wurden in getrockneten Maronenröhrlingen aus dem Forstenrieder Park bei München über 2700 Becquerel, in Maronenröhrlingen aus der Gegend um Paderborn aber nur 71 Becquerel pro Kilogramm gemessen.

Was sind eigentlich Filzröhrlinge?

Unter den Röhrlingen gibt es nur wenige giftige Arten. Generell sollte man Röhrlinge mit rötlichen Röhrenmündungen meiden, sofern sie nicht eindeutig als Flockenstielige Hexenröhrlinge (Seite 31) erkannt werden. Der Maronenröhrling hat gelbe Röhrenmündungen, ebenso wie die bisweilen ähnlichen Filzröhrlinge (*Xerocomus*, *Xerocomellus*, *Pseudoboletus*). Diese haben einen gewölbten Hut mit filziger Oberfläche und weisen meist haselnuss- bis rotbraune Farbtöne auf. Die Filzröhrlinge gelten alle als **essbar**, sofern sie nicht überständig sind, was bei diesen Arten recht oft vorkommt. Der häufige Rotfußröhrling (*Xerocomellus chrysenteron*) kann hier als Beispiel dienen. Typisch ist sein rötlich überhauchter, dünner Stiel, der kein Netz aufweist. Bei nasser Witterung verschimmeln die Fruchtkörper sehr rasch und werden unbrauchbar. Sie sollten sich daher die Fruchtkörper im Wald sehr genau ansehen.

Rotfußröhrling ohne Stielnetz

Birkenröhrling

Essbar

Welche Merkmale kennzeichnen den Birkenröhrling?

Der Birkenröhrling (*Leccinum scabrum*) wächst, wie der Name schon sagt, **ausschließlich unter Birken**. Er bildet mittelgroße Fruchtkörper mit gewölbten, mehr oder weniger bräunlichen Hüten und eine im Alter bauchig hervorstehende Röhrenschicht. Die **Röhrenmündungen sind grauweißlich**, später auch graubraun und die gesamte Stieloberfläche ist mit **feinen, graubraunen Schüppchen** überzogen. Nach dem Anschneiden bleibt das im jungen Zustand feste, im Alter aber schnell weich werdende Fleisch weiß.

Unsere Birkenröhrlinge standen unter Pappeln. Sind das trotzdem Birkenröhrlinge?

Wenn die vermeintlichen Birkenröhrlinge unter anderen Bäumen wachsen, handelt es sich mit Sicherheit um eine andere Art. Unter Pappeln wächst der sehr ähnliche **Pappel-Raufuß** (*Leccinum duriusculum*), dessen **Fleisch nach Anschneiden auffallend grünblau** verfärbt. Ebenso wie der hier beschriebene Birkenröhrling ist der Pappel-Raufuß **gegart essbar**, roh jedoch giftig.

Häufig, aber oft verkannt, ist der **Vielverfärbende Birkenröhrling** (*Leccinum variicolor*). Er bildet schmächtige Fruchtkörper mit dunkler graubraunen bis fast schwarzgrauen Hüten und verfärbt sich nach Verletzung ebenso wie der Pappel-Raufuß vor allem in der Stielbasis grünblau.

Pappel-Raufuß

Wie kann man alle diese Birkenröhrlinge und Raufüße von den Rotkappen unterscheiden?

Generell gilt: Alle Birkenröhrlinge, Raufüße und Rotkappen sind **gute Speisepilze**. Für den kulinarischen Verwerter spielt es also keine Rolle, welche Art er gerade eingesammelt hat. Die Rotkappen werden aber häufiger und bevorzugt eingesammelt, da ihr Speisewert den der Birkenröhrlinge noch übertrifft. Sie sind allerdings auch etwas seltener, was den häufig vorkommenden Birkenröhrling dann doch wieder ins Rampenlicht der Gourmets rückt. Raufüße und Birkenröhrlinge kann man von den Rotkappen durch ihre überwiegend braune, graubraune oder gelbbraune Hutoberfläche unterscheiden. Die Röhrenschicht wölbt sich bei zunehmender Reife der Fruchtkörper deutlich nach außen, da die Huthaut, die oberste Zellschicht auf dem Hut, nicht bis zum Rand reicht. Bei den Rotkappen hingegen bleibt die Röhrenschicht länger fest und somit flacher und die Huthaut steht sogar etwas über. Ihre Hüte sind rotbraun bis orangerötlich.

Birkenröhrling

- Mittelgroßer Pilz mit braunem Hut
- Graue Röhrenschicht
- Stiel mit Schüppchen
- Unter Birken

Birken-Rotkappe

Essbar, guter Speisepilz

Wie erkenne ich eine echte Birken-Rotkappe?

Die bekannteste aller Rotkappen ist unumstritten die Birken-Rotkappe (*Leccinum versipelle*), die vor allem in Bayern auch Frauenschwammerl genannt wird. Wie die meisten Röhrlinge ist auch die Birken-Rotkappe ein **Mykorrhizapilz**. Sie geht also eine feste Verbindung mit der Birke ein und ist daher nicht unter anderen Bäumen anzutreffen. **Funde in Nadelwäldern** sind aber durchaus möglich, denn eine einzeln stehende Birke reicht bereits, um diesem hervorragenden Speisepilzen ein Auskommen zu sichern.
Zu erkennen ist die Art am freudig **orangebräunlichen bis rotbraunen Hut**, der bei jungen Fruchtkörpern den Stiel kugelig umschließt, sowie an den **dunklen, schwarzbraunen Schüppchen** auf der weißlichen Stieloberfläche. Letztere sind es auch, die der Birken-Rotkappe den Zweitnamen Schwarzschuppige Rotkappe eingebracht haben. Nach dem Anschneiden sollte sich das **Fleisch dunkelbraun bis violettbraun** färben.

Rotkappe

- Rotbrauner oder orangeroter Hut, schwarz- bis braunflockiger Stiel
- Überstehende Huthaut
- Birken-Rotkappe nur bei Birken

Das Fleisch von Rotkappen wird beim Zubereiten schwarzbraun. Ist das normal?

Vor allem beim Kochen frischer Pilze färbt sich das Fleisch gewöhnlich dunkelbraun bis schwarz. Viele Pilzsammler schreckt das ab, da sie befürchten, einer Verwechslung unterlegen zu sein. Doch keine Angst: Für den Speisewert des Pilzes spielt es überhaupt keine Rolle, ob sich das Fleisch schwarz, blau, grün oder rot verfärbt. Die Birken-Rotkappe ist wie alle anderen Rotkappen ein Speisepilz von hoher Qualität.

Gibt es noch andere Rotkappen unter anderen Bäumen? Oder zählen sie alle zur gleichen Art?

An unterschiedlichen Baumarten wachsen auch unterschiedliche Rotkappen. Die Birken-Rotkappe ist an Birken gebunden, die Eichen-Rotkappe (*Leccinum aurantiacum*) an Eichen und die Espen-Rotkappe (*Leccinum leucopodium*) an Espen. Es gibt sogar eine Rotkappenart, die eine Symbiose mit Kiefern eingeht: die Föhren-Rotkappe (*Leccinum vulpinum*). Alle genannten Arten sind als **gute Speisepilze** zu empfehlen, können jedoch **roh genossen üble Verdauungsbeschwerden** hervorrufen.
Sämtliche Rotkappen sind durch die Bundesartenschutzverordnung **geschützt** und dürfen nur in geringen Mengen für den Eigenbedarf gesammelt werden.

Das Fleisch färbt sich nach Anschneiden dunkel, hier bei einer Eichen-Rotkappe.

Goldröhrling Essbar

Was ist ein Goldröhrling?

Der Goldröhrling (*Suillus grevillei*) ist ein **strikter Lärchenbegleiter**, er geht also nur mit dieser Konifere eine Symbiose ein. Die Art ist gut erkennbar an den oft kreisrunden, bis 180 mm breiten, gewölbten Hüten, die vor allem bei Feuchtigkeit eine auffallend **schleimige Oberfläche** haben. Aus diesem Grund zählt er zu den Schmierröhrlingen (*Suillus*), eine weltweit verbreitete Gattung, deren Vertreter Mykorrhizapartner für verschiedene Nadelbäume, meist Kiefern oder Lärchen, sind. Für gewöhnlich ist der **Hut lange goldgelb bis gelbbraun**, ehe er sich im Alter auch schmutzig bräunlich färben kann. Die Röhrenmündungen sind jung zitronengelb, später gelbbraun und die Röhren laufen etwas am Stiel herab. Dieser ist zylindrisch und unterhalb des dicken Rings stark schmierig oder schleimig. In Mitteleuropa zählt der Goldröhrling zu den häufigsten Lärchenbegleitern und gilt als **guter Speisepilz**.

Goldröhrling

- Goldgelber Hut
- Schleimig
- Beringter Stiel
- Unter Lärchen

Muss man vor dem Zubereiten die schleimige Schicht entfernen?

Generell sollte man die Goldröhrlinge **gut säubern**, die schleimige Schicht auf Hut und Stiel sollte man dabei entfernen, denn es bleiben allerhand Nadeln, Blätter und auch Kleinstlebewesen daran haften, außerdem ist die Konsistenz wenig appetitlich. Nachdem die Schicht entfernt wurde, erscheint der Fruchtkörper darunter matt und trocken.

Gibt es giftige Doppelgänger?

Es gibt keine giftigen Röhrlinge, die man mit dem Goldröhrling verwechseln könnte. Wer ihn sich von oben *und* von unten anschaut, ist also vor bösen Überraschungen gefeit, zumal dieser gelbporige Lärchenbegleiter keinerlei Ähnlichkeit mit dem Satansröhrling (*Rubroboletus satanas*) hat. Betrachtet man ihn nur von oben, kann man ihn jedoch mit Arten aus der Gattung der Schleierlinge (*Cortinarius*) und dort besonders aus der Untergattung „Schleimköpfe“ (*Phlegmacium*) verwechseln. Wenn in dem Wald zwischen Lärchen auch noch Fichten, Birken und andere Bäume wachsen, findet man den Goldröhrling bisweilen in Begleitung des Goldbraunen Klumpfußes (*Cortinarius aureofulvus*). Dieser harmlose, wenn auch ungenießbare Pilz unterscheidet sich von dem essbaren Goldröhrling in einem wichtigen Merkmal: Er hat auf der Hutunterseite Lamellen.

Goldbrauner Klumpfuß

Butterröhrling

Bedingt essbar

Der Butterröhrling hat manchmal einen Stielring und manchmal nicht. Warum?

Es gibt zwei Arten: den häufigen Butterröhrling (*Suillus luteus*) und den ebenfalls verbreiteten Ringlosen Butterröhrling (*Suillus collinitus*).
Der gewöhnliche Butterröhrling ist ein Mykorrhizapilz der Wald-**Kiefer** und ist gekennzeichnet durch einen dunkel **kastanienbraunen**, gewölbten Hut mit im feuchten Zustand stark **schleimiger** Oberfläche, **gelben Röhrenmündungen** und einem vor allem bei jungen Exemplaren deutlichen Stielring. Dieser ist ein Überbleibsel der Teilhülle, die sich anfangs von der Stielmitte bis zum Hutrand spannt, um die jungen Röhren zu schützen. Diese Hülle ist weiß und hebt sich später von der **gelblichen Stieloberfläche** farblich etwas ab. Im Alter kann der Stielring auch verschwinden.

Butterröhrling
- Hut kastanienbraun
- Röhrenmündungen gelb
- Weißer Stielring
- Unter Kiefern

Auch der Ringlose Butterröhrling bildet eine Mykorrhiza mit der Kiefer und wurde schon des Öfteren zusammen mit dem Butterröhrling angetroffen. Von oben betrachtet gleichen sich die beiden Arten sehr, allerdings genügt ein kurzer Blick unter den Hut, um die beiden leicht und eindeutig zu unterscheiden. Der Ringlose Butterröhrling hat seinem Namen gemäß **keinen Stielring** und besitzt eine **schwach rosabräunlich punktierte Stieloberfläche**, die etwas zu der gelblichen Stielspitze kontrastiert. Auch bei ihm sind die Röhrenmündungen gelblich.

Ringloser Butterröhrling

Ist der Butterröhrling ein guter Speisepilz?

Der Butterröhrling stand für eine Weile unter Giftverdacht, ähnlich wie der Kahle Krempling (*Paxillus involutus*). Viele Speisepilzsammler schwören auf den einmaligen Geschmack dieses Kiefernbegleiters, und bei nicht wenigen steht der Butterröhrling ganz oben auf der Liste der essbaren Pilze. Kürzlich ist er jedoch wieder von der Positivliste der Speisepilze gestrichen worden, da man vermehrt von **Unbekömmlichkeiten** hörte, deren Ursachen noch der Klärung bedürfen. Möglicherweise enthält die Art bislang unbekannte Inhaltsstoffe, und vor allem die schleimige Huthaut führt beim Verzehr nach kurzer Zeit zu **Durchfällen**. Da der Butterröhrling insbesondere im Alter oft bitter schmeckt und es andere, zum Teil weit häufigere Speisepilze gibt, sollte man hier kein Risiko eingehen und ihn **einstweilen stehen lassen**.

Sandröhrling

Essbar

Was ist ein Sandröhrling?

Der Sandröhrling (*Suillus variegatus*) ist ein verbreiteter Schmierröhrling (*Suillus*), der eine Symbiose mit der Wald-**Kiefer** eingeht. Seine Fruchtkörper sind recht stämmig, der Hut wird bis 140 mm breit und hat eine etwas körnige, auch feucht **kaum schmierige** Oberfläche. Die **Röhrenmündungen** sind sehr klein und **dunkelbräunlich**, sie laufen am zylindrischen Stiel nicht oder nur kaum herab. Kulinarisch ist der Sandröhrling unauffällig, wegen seines eher mittelmäßigen Geschmacks sollte man ihn eher als Mischpilz verwenden.

Sandröhrling

- Auch feucht wenig schmierig
- Röhren bräunlich
- Stiel zylindrisch
- Unter Kiefern

Gibt es giftige Doppelgänger?

Der Sandröhrling hat **keine giftigen Doppelgänger**, es gibt aber einige ähnliche Röhrlingsarten, von denen vor allem der **Kuhröhrling** (*Suillus bovinus*) heraussticht, der ebenfalls ein Kiefernbegleiter ist und ganz ähnliche Farben hat. Dieser ebenfalls häufige Pilz unterscheidet sich jedoch vom Sandröhrling durch **größere Röhrenmündungen** und eine in feuchtem Zustand **schmierige Hutoberfläche**, die niemals körnig ist. Beim Erhitzen werden Kuhröhrlinge violett. Dies führt mitunter zu Irritationen, ist aber nicht schädlich. Die Fruchtkörper des Kuhröhrlings sind meist weniger stämmig als die des Sandröhrlings.
Eine Verwechslung mit dem Kuhröhrling ist unbedenklich, da dieser einen ähnlichen Speisewert wie der Sandröhrling hat. Beide Arten lassen sich hervorragend trocknen und für alle möglichen Speisen, auch als würzendes Pilzpulver, verwenden.

Kuhröhrling

Sind alle Schmierröhrlinge Mykorrhizapilze?

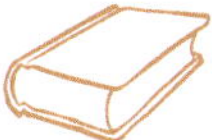

Die Schmierröhrlinge (*Suillus* spp.) leben in Symbiose mit diversen Nadelbäumen, darunter sind Lärchen und verschiedene Kiefernarten bevorzugte Partner. Die Fruchtkörper können auch in direkter Nähe zu einzeln stehenden Bäumen entwickelt werden. Demzufolge sind auch Funde auf Friedhöfen mit Lärchen oder Kiefern sowie in Buchenwäldern mit vereinzelt eingestreuten Nadelbäumen möglich. Der Baumpartner ist für die Bestimmung der Arten von Bedeutung, auch wenn sich die meisten schon anhand ihrer äußerlichen Merkmale abgrenzen.

LAMELLEN-PILZE

Grünling Giftig

Wie sieht der Grünling aus?

Der Grünling (*Tricholoma equestre*) ist ein mittelgroßer Lamellenpilz mit jung gewölbtem, später ausgebreitetem Hut. Auf der gelblichen, etwas schmierigen Hutoberseite befinden sich **grünliche Schüppchen**, die sich in der Mitte konzentrieren und zuweilen eine olivgrünliche Platte bilden. Die **Lamellen sind zitronengelb** und stehen eher eng. Kurz bevor sie den Stiel erreichen, bilden sie den für Ritterlinge typischen **Burggraben**, eine kleine Grube die den Stiel ringförmig umgibt. Allein dieses Merkmal reicht aus, um einen **Ritterling** zu erkennen, doch haben nicht nur Vertreter aus der Gattung *Tricholoma* diese Eigenschaft, sondern auch Arten aus ähnlichen Gattungen, etwa jener der Weichritterlinge (*Melanoleuca*).

Grünling

- Ritterlingshabitus
- Überall gelbgrünliche Farben
- Bei Nadelbäumen, oft Kiefern

Der Grünling wächst gerne unter **Kiefern**, mit denen er eine Mykorrhiza bildet. Funde unter anderen Bäumen sind gewöhnlich andere Arten, zum Beispiel kann man unter Pappeln den Pappel-Grünling (*Tricholoma frondosae*) finden.

Warum gilt der Grünling als giftig?

Bis 2001 galt der Grünling als guter Speisepilz, den man gerne sammelte. Er hat einen milden, etwas mehligen Geschmack und wurde oft als Delikatesse verwendet und sogar auf Märkten angeboten. Diese Zeiten sind jedoch vorbei, nachdem eine französische Studie im Jahr 2001 gezeigt hat, dass einige **Vergiftungsfälle** zwischen 1992 und 2000 auf den Grünling zurückzuführen waren. Dieser enthält, wie man heute weiß, einen Giftstoff, der beim Menschen die sogenannte **Rhabdomyolyse**, eine Auflösung der quergestreiften Muskulatur, verursacht, die im schlimmsten Fall zum Tod führen kann. Offenbar muss eine bestimmte Menge, zum Beispiel mehr als 300 g an drei aufeinander folgenden Tagen, konsumiert werden, um die krankmachende Wirkung zu erzielen.

Typischer Burggraben beim Grünling

Wie kann es sein, dass ein Pilz, den ich jahrelang gegessen habe, auf einmal als giftig bezeichnet wird?

Dass der Speisewert einer Art aufgrund des Geschmacks umstritten ist, kommt in der Literatur häufiger vor. Dagegen ist es eine Seltenheit, dass eine langjährig gerne gesammelte und genossene Art plötzlich als gefährlicher Giftpilz eingestuft wird. Ähnliches haben die Frühjahrslor-

chel (*Gyromitra esculenta*) und der Kahle Krempling (*Paxillus involutus*) erleben müssen. Diese beiden Arten waren sogar Marktpilze und gelangten dadurch erst recht in die Küchen. Die durch den Grünling verschuldeten Todesfälle in Frankreich sind ein alarmierendes Zeichen für die Unkenntnis über die Wirkung von Stoffen in Pilzen. Zudem unterscheiden sich Konzentration und Wirkung vermutlich von Region zu Region. Darum raten wir dringend davon ab, die in aktueller Literatur als giftig deklarierten Arten zu verwerten, und zwar so lange, bis eindeutig Klarheit über die Wirkung des Giftstoffes besteht. Da der Grünling hierzulande zudem eher selten ist, sollte man auf sichere Speisepilzarten zurückgreifen.
Die bisweilen aufgrund neuer Erkenntnisse geänderte Einschätzung von Pilzen macht es auch ratsam, die Essbarkeitsangaben in älteren, etwa von den Großeltern geerbten Büchern, mit aktueller Literatur abzugleichen. Eine gute und zuverlässige Informationsquelle stellt die bereits erwähnte Positivliste der Deutschen Gesellschaft für Mykologie dar.

Gibt es essbare Pilze, die man mit dem Grünling verwechseln kann?

Aus sämtlichen Gruppen gibt es grünliche oder gelbgrünliche Pilzarten, die dem Grünling mehr oder weniger ähnlich sehen. Dazu zählen einige **essbare Täublinge** (*Russula*), etwa der Grasgrüne Birken-Täubling (*Russula aeruginea*), der Grünfelderige Täubling (*Russula virescens*) oder der Grüne Speise-Täubling (*Russula heterophylla*). Diese Arten lassen sich jedoch relativ schnell vom Grünling unterscheiden: Die **Lamellen brechen bei Berührung ab** und der Stiel zeigt beim Überbrechen **keinerlei Fasern**. Als der Grünling noch als essbar galt, wurde oft auf seine Ähnlichkeit mit dem tödlich giftigen Grünen Knollenblätterpilz (*Amanita phalloides*) verwiesen. Dieser hat an der Stielbasis eine Hülle, einen Stielring und weiße, frei stehende Lamellen.

Kahler Krempling Giftig

Welche Lebensweise hat der Kahle Krempling?

Der Kahle Krempling (*Paxillus involutus*) ist an verschiedene Laub- und Nadelhölzer gebunden, sehr gerne wächst er unter Buchen, Eichen und Fichten. Er ist ein **Ektomykorrhizapilz**, der mit seinem Myzel die Wurzelspitzen einer höheren Pflanze, in diesem Fall eines Baums, umhüllt und mit ihm Nährstoffe austauscht. Forschungen haben ergeben, dass der Kahle Krempling jungen Baumsämlingen ein besseres Wachstum ermöglicht. Seine **ökologische Bedeutung** darf daher nicht unterschätzt werden, auch wenn er **zum Verzehr nicht geeignet** ist. Der Kahle Krempling wächst zumeist in Gruppen oder Hexenringen, oft mit recht vielen Fruchtkörpern.

Kahler Krempling

- Stattliche Fruchtkörper
- Gelbliche, auf Druck bräunende Lamellen
- Eingerollter Hutrand

Der Kahle Krempling soll giftig sein. Stimmt das?

Fakt ist, dass in den Fruchtkörpern dieses zu den Röhrlingsartigen (*Boletales*) gezählten Pilzes Stoffe wie zum Beispiel **Involutin** enthalten sind, die ihre giftige Wirkung auf Zellebene entfalten. Dabei spielt es keine Rolle, wie die Fruchtkörper zubereitet werden. Denn da die erwähnten Subtanzen hitzestabil sind, bleibt ihre **Giftigkeit auch nach langem Garen** erhalten. Involutin ist verwandt mit bestimmten Stoffen, die auch aus anderen Röhrlingen extrahiert wurden, jedoch zumeist bei höheren Temperaturen zerfallen. Deshalb können viele dieser Arten durch Erhitzen genießbar gemacht werden.
Außerdem hat man festgestellt, dass der Stoff Involutin zu **Chromosomenbrüchen** und zum sogenannten Paxillussyndrom führt, was eine Schädigung der Gene zur Folge hat. Da sich diese Wirkung oftmals erst nach mehrfachem Konsum bemerkbar macht, ist derzeit davon abzuraten, die Art auf den Speiseplan zu stellen, auch wenn man sie schon häufiger ohne Beschwerden verzehrt hat. Außerdem gibt es Vermutungen, dass die Involutinkonzentration im Kahlen Krempling regionalen Schwankungen unterliegt, denn in Polen beispielsweise wird der Pilz bedenkenlos auf Märkten angeboten und der Verzehr ist entsprechend hoch. Solange über die Inhaltsstoffe des Kahlen Kremplings keine absolute Klarheit besteht, ist **vom Verzehr dringend abzuraten**.

Wie erkenne ich den Kahlen Krempling?

Der Kahle Krempling bildet **stattliche Fruchtkörper** mit bis zu 200 mm breiten Hüten aus. Diese tragen auf der Unterseite Lamellen, die am Stiel etwas herablaufen und leicht ablösbar sind. Wenn man sich den Hutrand vor allem bei jungen Fruchtkörpern anschaut, fällt der **eingerollte Rand** auf, dem die Art ihren Namen zu verdanken hat. Hut und Stiel sind beide zumeist haselbraun bis graubraun gefärbt, während die Lamellen eine schmutzig ockergelbliche bis blassgelbe Färbung haben. Übt man mit dem Finger etwas **Druck** auf die Lamellen aus, bleibt schon nach wenigen Sekunden ein bräunlicher Fleck zurück. Aus diesem Grund wird der Kahle Krempling auch „Empfindlicher Krempling“ genannt. Die Art hat am Stiel keinen Ring und auch keine Hüllreste an der Stielbasis. Wegen der **ablösbaren Lamellen** und weiterer, mikroskopischer Eigenschaften sowie genetischer Merkmale wird sie in die Verwandtschaft der Röhrlinge gestellt.

Braun verfärbte Druckstelle auf den Lamellen

Gibt es noch andere Kremplinge?

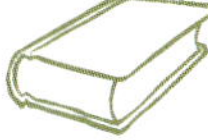

Die Gattung der Kremplinge (*Paxillus*) enthält weltweit je nach Auffassungen der einzelnen Autoren sieben oder acht Arten, davon kommen mindestens vier auch in Mitteleuropa vor. In Auwäldern mit eingestreuten Erlen findet man häufig den Erlenkrempling (*Paxillus rubicundulus*), welcher sich durch schmächtigere Fruchtkörper mit weniger eingerolltem Hutrand unterscheidet. Der Speisewert dieser Art ist nicht umstritten, da sie ohnehin sehr fade schmeckt und zum anderen keine Giftstoffe zu enthalten scheint. Neuerdings sind die Kremplinge in mehreren unterschiedlichen Gattungen zu finden. Der Samtfußkrempling (*Tapinella atrotomentosus*), der im Herbst regelmäßig in Nadelwäldern auf Baumstümpfen angetroffen werden kann, wird wegen seiner seitlingsartigen Wuchsweise nun einer anderen Gattung zugeordnet als der Kahle Krempling.

Hallimasch

Bedingt essbar

Welche Merkmale charakterisieren den Hallimasch?

Der Honiggelbe Hallimasch (*Armillaria mellea*) bildet mittelgroße bis große Fruchtkörper, deren Hüte oft über 100 mm breit sind. Auf der Hutoberfläche befinden sich je nach Alter mehr oder weniger deutlich abstehende, **gelbbräunliche Schüppchen** auf braunem bis rotbraunem oder gelbbraunem Untergrund. Diese Schüppchen können im Alter durch Regen abgewaschen werden und sind dann nicht mehr sichtbar. Die **Lamellen** laufen etwas am Stiel herab und sind **blassgelblich** bis blass gelbbraun. Sehr charakteristisch für die meisten der Hallimasch-Arten ist der **Stielring**, ein Überbleibsel der Teilhülle, die sich bei jungen Fruchtkörpern von der Stielmitte zum Hutrand spannt und weißlich gefärbt ist. An der Basis ist der Stiel manchmal zylindrisch, manchmal aber auch etwas keulig angeschwollen. Die Art

Hallimasch

- Büscheliges Wachstum an Holz
- Bräunliche Fruchtkörper mit Stielring
- Gelbliche, herablaufende Lamellen

wächst parasitisch **an geschwächten Bäumen**, die sie zum Absterben bringt, oder als Saprobiont (siehe Seite 8) an totem Laub- und Nadelholz.

Gehören diese schwarzen Stränge unter der Rinde zum Hallimasch?

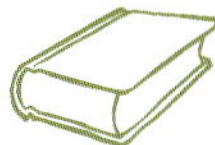

Die schwarzen Stränge unter der Rinde sind sogenannte Rhizomorphen und sozusagen die Ausläufer des Hallimaschmyzels. Der Hallimasch gehört zu den wenigen Lamellenpilzen, die überhaupt solche Rhizomorphen ausbilden können. Es handelt sich dabei um Bündel aus vielen Hyphen, die durch eine feste, dunkle Wand gut isoliert und somit sehr widerstandsfähig sind. Der Organismus kann mithilfe der Rhizomorphen auch in der Nähe befindliche, gesunde Bäume befallen und zählt aufgrund dieser Tatsache zu den aggressivsten Parasiten. Seine Wirte sind nicht nur Laub- und Nadelbäume, sondern auch Ölpalmen, Brombeeren oder Kartoffeln.

Gibt es mehrere Arten, oder ist der Hallimasch einfach so variabel?

Der Hallimasch war lange Zeit eine nicht weiter untergliederte **Sammelart**, deren unterschiedliche Variationen man unter einem einzigen Namen zusammenfasste. Gestützt durch genetische Analysen weiß man heute, dass sich hinter dem alten Namen **mehrere Arten** verbergen, von denen man zunächst angenommen hatte, sie seien lediglich molekulargenetisch zu unterscheiden. Dies erwies sich jedoch als falsch. Die Arten können sehr wohl auch morphologisch, also makro- und mikroskopisch, differenziert werden. So gibt es eine ringlose Art, die sich Ringloser Hallimasch (*Desarmillaria tabescens*) nennt, und eine weitere mit gelblichen Hüllresten und verdickten Stielen, die als Fleischfarbener Hallimasch (*Armillaria gallica*) bekannt ist. Die weitaus **häufigsten Arten** aus der Gattung sind jedoch der Honiggelbe Hallimasch (*Armillaria mellea*), der oft in großen **Büscheln** an Laubholz wächst, und der Dunkle Hallimasch (*Armillaria ostoyae*), der auf Nadelholz spezialisiert ist.

Sind alle diese Arten essbar oder gibt es auch einen giftigen Hallimasch?

Vergiftungen durch Hallimasch-Mahlzeiten sind nicht selten, daher könnte man denken, es gäbe auch unverträgliche Spezies unter den Hallimasch-Arten oder aber eine giftige Art, die dem Hallimasch sehr ähnlich ist. Doch dies ist nicht der Fall. Alle Hallimasch-Arten, egal ob nun der Dunkle oder der Honigfarbene, gelten als **essbar**, auch wenn ihr Speisewert in der gängigen Literatur unterschiedlich eingeschätzt wird. Fakt ist, dass die Fruchtkörper **roh genossen giftig** sind. Sie enthalten einen Stoff, der zu Verdauungsstörungen mit Erbrechen und schweren Durchfällen führt. Da dieser Stoff aber hitzelabil ist, kann man den Beschwerden entgehen, wenn man die Fruchtkörper vor der eigentlichen Zubereitung gut abkocht, sodass die giftigen Stoffe zerstört werden. Mindestens 8–10 Minuten sollte das Abkochen dauern, sonst kann es immer noch zu unangenehmen Nachwirkungen kommen.
Gelegentlich löst der Hallimasch **allergische Reaktionen** aus. Dies geschieht aber nicht häufiger als bei anderen Pilzarten. Wenn trotz guten Abkochens Beschwerden auftreten, sollte man den Hallimasch in jedem Fall meiden.

Samtfußrübling

Essbar, guter Speispilz

Wie erkenne ich einen Samtfußrübling und wann wächst er?

Der Samtfußrübling (*Flammulina velutipes*) wächst **zumeist büschelig**, seltener in Einzelexemplaren. Man erkennt ihn an seinem gewölbten, freudig orangegelben bis **orangeroten Hut**, den **weißen Lamellen** und seinem mehr oder weniger zylindrischen, **dunkelbraunen Stiel**, der (daher der Name) **mit feinen dunklen Borsten überzogen** ist. Die mittelgroßen Fruchtkörper mit bis zu 60 mm Hutbreite erscheinen bevorzugt im Winterhalbjahr etwa zwischen **November und März** und finden sich an abgestorbenem Laubholz, gerne an alten Weidenstümpfen. Die Art ist daher **in Auwäldern** gut verbreitet. Die Erscheinungszeit kann hier wie auch bei vielen anderen Arten nicht exakt angegeben werden, da erste Fröste im Oktober oder niedrige Temperaturen im April und Mai dafür sorgen können, dass der

Samtfußrübling

- Leuchtend orangeroter Hut
- Reinweiße Lamellen
- Dunkler Stiel mit samtiger Oberfläche

Samtfußrübling Fruchtkörper ausbildet. Daher sind Funde außerhalb einer angegebenen Erscheinungszeit nicht auszuschließen.

Kann man den Samtfußrübling aufgrund seiner Erscheinungszeit überhaupt mit Giftpilzen verwechseln?

Verwechslungsgefahr besteht mit einigen anderen **Holzpilzen** aus der Gruppe der Lamellenpilze, die ebenfalls in Büscheln wachsen. Man sollte auf die oben aufgeführten Merkmale achten, insbesondere auf die meist reinweißen Lamellen. Dem Samtfußrübling ähnlich sind die **Arten der Gattung Schwefelkopf** (*Hypholoma*, folgende Seiten), das Stockschwämmchen (*Kuehneromyces mutabilis*, Seite 68) sowie der Gifthäubling (*Galerina marginata*, Seite 69).
Alle diese Arten lassen sich durch die **Lamellenfarbe** vom Samtfußrübling unterscheiden. Der Grünblättrige Schwefelkopf (*Hypholoma fasciculare*) hat anfangs gelbgrünliche, dann grünviolettliche Lamellen, während das Stockschwämmchen und der Gifthäubling bräunliche Lamellen besitzen. Es ist wichtig, auch ausgewachsene Exemplare zu betrachten, da sich die Lamellenfarbe im Lauf der Fruchtkörper- und damit der Sporenentwicklung ändert.

Typisch weiße Lamellen des Samtfußrüblings

Schwefelköpfe

Woran erkenne ich einen Schwefelkopf?

Die Schwefelköpfe (*Hypholoma*) sind eine Gattung der Lamellenpilze, der in Mitteleuropa gut 20 Arten angehören. Sie bilden kleine bis mittelgroße, selten stämmige Fruchtkörper mit anfangs hellen, später dunkelbraunen bis violettlichen Lamellen, die am Stiel meist gerade angewachsen sind. Es handelt sich durchweg um **saprob lebende Arten**, die abgestorbenes Holz besiedeln und im Moor zwischen Torfmoos oder einfach nur auf nackter Erde an Flussrändern wachsen. Einige fallen durch büscheligen Wuchs auf, die übrigen Arten wachsen eher unauffällig als Einzelexemplare und sind schlicht gelbbraun gefärbt. Die Farbe der Hüte, die der von schwefelhaltigen Substanzen gleicht, hat der ganzen Gruppe den Namen „Schwefelköpfe“ eingetragen. Insgesamt sind drei Arten häufig und gut voneinander zu unterscheiden:

- Rauchblättriger Schwefelkopf (*Hypholoma capnoides*)
- Ziegelroter Schwefelkopf (*Hypholoma lateritium*)
- Grünblättriger Schwefelkopf (*Hypholoma fasciculare*)

Schwefelköpfe

- Gelbbraune Fruchtkörper mit violettschwarzem Sporenpulver
- Saprobionten an Holz, zwischen Torfmoos oder auf Erde
- Kein Stielring, sondern nur eine Ringzone

Rauchblättriger Schwefelkopf

Der Rauchblättrige Schwefelkopf hat einen milden Geschmack und wächst vor allem **im Spätherbst und Winter an abgestorbenem Nadelholz**. Er bevorzugt kältere Temperaturen und alte Fichten- oder Tannenstümpfe, auf denen er seine Fruchtkörper bilden kann. Das Holz wird durch den Pilz weitgehend abgebaut und in Humus verwandelt. Die Art ist ein **guter Speisepilz** und ihr markantes Aroma ist eine willkommene Bereicherung in Mischpilzgerichten. Die Fruchtkörper des Rauchblättrigen Schwefelkopfes bestehen aus langen, zylindrischen Stielen und bis etwa 60 mm breiten, ocker- bis gelbbräunlich gefärbten Hüten. Etwas oberhalb der Stielmitte kann man **manchmal eine dunkle Ringzone** als Rest einer Teilhülle erkennen. Diese Teilhülle ist sehr dünn und daher auch sehr vergänglich. Man findet sie nur an äußerst jungen Fruchtkörpern.

Links Rauchblättriger, rechts Grünblättriger Schwefelkopf

Ziegelroter Schwefelkopf

Der Ziegelrote Schwefelkopf ist im Geschmack recht bitter und eignet sich daher nicht zum Verzehr, obwohl er in der Literatur bisweilen als halbwertiger Mischpilz gilt. Den in den Fruchtkörpern enthaltenen Bitterstoffen ist wohl auch durch Kochen oder Braten nicht beizukommen. Die Art bildet recht große, stämmige Fruchtkörper mit etwa fingerdicken Stielen und bis zu 80 mm breiten Hüten. Die Teilhülle hält sich bei ihr etwas länger als bei den beiden anderen hier beschriebenen Arten. Der Hut ist oberseitig mehr oder weniger kräftig ziegelrot bis rotbraun gefärbt, der Stiel ist oben weißlich und wird nach unten hin blass bräunlich.

Ziegelroter Schwefelkopf

Der Ziegelrote Schwefelkopf ist ein **Saprobiont** und wächst bevorzugt an totem Holz **verschiedener Laubbäume**, nach eigenen Beobachtungen gerne an Buchenstämmen. Bei den beiden bisher genannten Schwefelkopf-Arten achte man auch auf die **auffallend graue Lamellenfarbe**, mit der sie sich vom nun folgenden Grünblättrigen Schwefelkopf unterscheiden.

Grünblättriger Schwefelkopf

Wie der Name schon sagt, sind die **Lamellen** des Grünblättrigen Schwefelkopfes **gelblich bis grünlich** und können im Alter auch violettgrün sein. Dieser Grünton ist ziemlich konstant und taucht gewöhnlich bei jeder Kollektion des Grünblättrigen Schwefelkopfes auf. Es sei denn, der Pilz ist in seinem Wachstum gehemmt oder wird von einem anderen Pilz am Reifeprozess gehindert.
Dann können hin und wieder auch Grünblättrige Schwefelköpfe mit zitronengelben Lamellen und teilweise entstellten Fruchtkörpern gefunden werden. Aber auch bei den gehemmten Formen ist der Geschmack aufgrund eines leicht giftigen Stoffes **stark bitter**. Die Art ist daher als Speisepilz nicht zu empfehlen. In älteren Pilzbüchern wird sie sogar als „gefährlich giftig“ bezeichnet, was mittlerweile jedoch widerlegt ist, da der verantwortliche Giftstoff in zu geringer Konzentration vorhanden ist, um ernsthafte Vergiftungen hervorzurufen. Wer bei der Einschätzung der Lamellenfarbe unsicher ist, der schaue sich die Stielspitze des Grünblättrigen Schwefelkopfes an. Diese ist in allen Altersstadien zitronengelb, während sie bei den beiden anderen, büschelig wachsenden Schwefelköpfen graubräunlich bis blassgrau erscheint. Ähnlich wie die anderen beiden genannten Arten wächst auch der Grünblättrige Schwefelkopf **als Saprobiont an totem Laub- und Nadelholz**.

Grünblättriger Schwefelkopf

Stockschwämmchen

Essbar, guter Speisepilz

An welchen Merkmalen erkennt man das Stockschwämmchen?

Das Stockschwämmchen (*Kuehneromyces mutabilis*) zeichnet sich durch mittelgroße Fruchtkörper mit bis zu etwa 60 mm breiten Hüten aus. Diese tragen auf ihrer Oberfläche ganz besonders im jungen Zustand **feine, flockige Schüppchen**, die jedoch bei Regen schnell abgewaschen werden. Der Hut hat eine besondere Eigenschaft: Bei feuchter Witterung reichert er vermehrt Wasser in den Zellen an, sodass

	Stockschwämmchen	Gifthäubling
Stieloberfläche	schuppig	silbrig-faserig
Stielring	ausgeprägt	häutig dünn, vergänglich
Wachstum	büschelig	einzeln bis leicht büschelig

die Färbung kräftiger erscheint als bei Trockenheit. Da der Hut immer von der Mitte her trocknet, entsteht ein Bild, bei dem die Mitte blassbraun gefärbt ist und der umgebende Rand rotbraun gehalten ist. Doch die Hutfarbe, die hier zudem recht variabel ist, gibt kein verlässliches Bestimmungsmerkmal ab. Vielmehr sollte man beim Sammeln von Stockschwämmchen auf die Stiele achten. Diese sind zylindrisch und haben einen mehr oder weniger deutlichen **Stielring**. Unterhalb des Rings ist der Stiel fein flockig bis schuppig, darüber ist er völlig glatt. Das Stockschwämmchen wächst in den allermeisten Fällen **büschelig** und besiedelt dabei **Laub- wie Nadelholz**.

Hat das Stockschwämmchen einen giftigen Doppelgänger?

Das Stockschwämmchen wird überall gerne gesammelt und verzehrt, und fast jeder meint es zu kennen. Aber genau hier liegt das Problem. Denn aufgrund seiner großen Bekanntheit wird der scheinbar so gut erkennbare Pilz **oft viel zu überhastet abgesammelt**, ohne dass man auch nur einen Blick auf die Stiele wirft, die für die Bestimmung so wichtig sind. Die Verwechslung mit einem **giftigen Doppelgänger** ist da vorprogrammiert, und zwar mit dem sehr viel weniger bekannten Gifthäubling (*Galerina marginata*).

Der sehr ähnliche und tödlich giftige Gifthäubling

Der **Gifthäubling** unterscheidet sich vom Stockschwämmchen durch etwas kleinere, weniger büschelig und öfter auch einzeln wachsende Fruchtkörper mit **fein silbrig überfaserten Stielen**.
Jedem Sammler sei daher angeraten, sich alle seine Stockschwämmchen einzeln anzuschauen, und zwar von der Hutspitze bis zur Stielbasis, um eine Verwechslung auszuschließen, und nicht nur die Hüte abzuzupfen. Wer sich danach immer noch unsicher ist, zeigt seine Exemplare am besten einem Pilzsachverständigen.
Der Gifthäubling trug bis vor gar nicht langer Zeit den Namen „Nadelholzhäubling“. Doch dieser Name ist irreführend. Allein durch die Ökologie kann man die beiden Arten nicht trennen, auch wenn das Stockschwämmchen Laubholz bevorzugt. Wir selbst haben sowohl das Stockschwämmchen an Nadelholz als auch den Gifthäubling an Laubholz gesehen, teilweise auch beide Arten gemeinsam an einem Stumpf. Bei büschelig wachsenden Arten ist die Gefahr sehr hoch, dass beim Absammeln der Fruchtkörper der falsche Pilz in den Korb gelangt.

Austernseitling

Essbar, guter Speisepilz

Wie kann man den Austernseitling von dem sehr ähnlichen Gelbstieligen Muschelseitling unterscheiden?

Austernseitling (*Pleurotus ostreatus*) und Gelbstieliger Muschelseitling (*Sarcomyxa serotina*) sind Lamellenpilze, wobei der Austernseitling in die Gruppe der „Echten Seitlinge“ (Pleurotaceae), der Muschelseitling jedoch in eine eigene Familie gehört (Sarcomyxaceae). Wie die ähnlichen Knäuelinge hat auch der **Gelbstielige Muschelseitling** einen kompakten, **vollständig seitlich angelegten Stielteil**, der klar von den Lamellen getrennt ist. Dieser Stielteil ist im ausgewachsenen, frischen Zustand olivgelblich bis braungrün gefärbt und hat eine fein samtig-zottelige Oberfläche. Der **Austernseitling** hat dagegen einen weißlichen, ebenfalls fein flaumigen Stielteil, der oft sehr rudimentär und

Austernseitling

- Grauhütige, große Fruchtkörper
- Büscheliges Wachstum, seitlich angewachsen
- In den Wintermonaten

Deutlich anders ist der Stiel des Gelbstieligen Muschelseitlings.

seitlich ausgebildet ist und an dessen Oberfläche die Lamellen fast bis zur Anwachsstelle rillig entlanglaufen. Von oben gesehen fällt auf, dass der Gelbstielige Muschelseitling in den Hutfarben mehr Olivtöne aufweist als der meist **mausgraue Hut** des Austernseitlings.

Eine Verwechslung beider Arten hat keine weiteren Folgen, da der Gelbstielige Muschelseitling als ungiftig gilt. Seine feste, zähe Konsistenz würde aber ein schönes Austernseitlingsgericht verderben.

Zu welcher Jahreszeit kann man den Austernseitling finden?

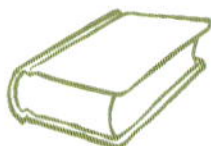

Austernseitlinge wachsen oft im Spätherbst nach den ersten Frösten, weshalb man ihn gelegentlich schon ab Anfang Oktober antreffen kann. Es handelt sich bei ihm um einen typischen **Winterpilz**, der unter Kennern als Delikatesse gilt. Dieser grauhütige Lamellenpilz wird deshalb gezüchtet. Zuchtformen benötigen das kalte Wetter für die Fruchtkörperbildung nicht und können somit auch bei warmen Temperaturen wachsen. Solche Sorten haben den Weg in die freie Natur gefunden, was dazu geführt hat, dass nun braunhütige Exemplare fast das ganze Jahr über anzutreffen sind. Der echte Austernseitling ist aber beschränkt auf die Wintermonate **zwischen Oktober und März**.

Ist der Wald kahl und das Wetter kalt, wächst der Austernseitling.

Wie züchtet man den Austernseitling und warum funktioniert das?

Wie sehr viele andere Pilzarten lebt auch der Austernseitling von abgestorbenem organischem Material, meist dem **Totholz** verschiedener Bäume. Sehr gerne nimmt der Austernseitling Buche, Eiche, Erle oder Weide, seltener trifft man ihn auf Nadelbäumen an. Diese Abhängigkeit von Totholz hat sich der Mensch zunutze gemacht, in dem er **alte Buchenstümpfe** mit dem Myzel des Austernseitlings **beimpft**. Auf dem Markt wird es in dübelförmigen Myzelballen gehandelt, die man in vorgebohrte Löcher steckt. Das Holz wird etwas feucht gehalten und abgedeckt, um das für das Pilzwachstum benötigte Klima herzustellen. Nach einem, manchmal auch erst nach zwei Jahren können die ersten Fruchtkörper erscheinen. Das Myzel, der eigentliche Pilz, hat sich nun im Innern des Holzes ausgebreitet, von dessen Bestandteilen es sich ernährt. Das Ergebnis können wir schließlich ernten.

Edelreizker Essbar, guter Speisepilz, Fichtenreizker Essbar und Verwandte

Woran erkennt man den Edelreizker?

Der Edelreizker (*Lactarius deliciosus*) ist einer der bekanntesten Vertreter aus der Gattung der **Milchlinge**, nicht zuletzt deshalb, weil er als **ausgezeichneter Speisepilz** gilt. Wie bei allen Reizkern ist die Milch des Edelreizkers orangerot. Er bildet kräftige, mittelgroße bis große Fruchtkörper mit Hüten von bis zu 140 mm Breite. Auf der Oberseite des Hutes befinden sich konzentrisch angeordnete, blass orangefarbene Flecken auf silbrig grauem Untergrund. Die Mitte des Hutes ist meistens etwas vertieft, während der Rand nach unten gebogen ist. Dreht man den Fruchtkörper um, sieht man den vergleichsweise kurzen Stiel, der ebenfalls

Edelreizker

Milchlinge

- Nach Verletzung milchend
- Robuste Lamellenpilze
- Mykorrhizabildner, oft mit Kiefern, Lärchen, Fichten

mit orangerötlichen Flecken überzogen ist. Erst nach Anbrechen des Fruchtkörpers wird die **karottenrote Milch** sichtbar, die sich nach dem Eintrocknen etwas grünlich färbt. Der Edelreizker wächst **nur unter Kiefern**, mit denen er eine Symbiose eingeht, und erscheint bevorzugt zwischen **August und November**.

Bei mir wachsen nur Fichtenreizker.
Sind die auch essbar?

Der Fichtenreizker (*Lactarius deterrimus*) ist ein naher Verwandter des Edelreizkers und weitaus verbreiteter als dieser. Er fehlt in fast keinem Fichtenforst und sondert nach dem Anschneiden ebenfalls eine **orangerote Milch** ab, die sich nach dem Antrocknen grünlich färbt. Auf dem vor allem im Alter stark trichterig vertieften Hut kann man recht oft Grüntöne erkennen, manchmal ist sogar die komplette Hutoberseite grün gefärbt. Sowohl auf dem Hut als auch auf der Stieloberfläche fehlen jedoch orangefarbene Flecken oder Gruben, wie man sie beim Edelreizker findet. Der Fichtenreizker gilt den Pilzbüchern zufolge meist als minderwertig oder sogar ungenießbar, da er **herb** oder gar **leicht bitter schmeckt**. Nach eigenen Beobachtungen können wir jedoch sagen, dass diese häufige Art **örtlich gerne gesammelt** und gegessen wird. Am besten probieren Sie die unterschiedlichen Reizker, sofern Sie sie eindeutig bestimmt haben, selbst aus, denn die Geschmäcker sind ja bekanntlich verschieden.

Fichtenreizker

Gibt es noch andere essbare Milchlinge, und muss man auf giftige Arten achten?

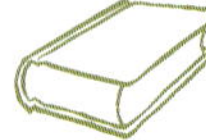

Die **rotmilchenden Spezies** befinden sich in einer kleinen Gruppe, die in Mitteleuropa aus etwa sechs Arten besteht. Alle anderen Milchlinge geben bei Verletzung eine weiße, gelbe, graue, violette oder grünliche Milch ab. Sie lassen sich anhand der Milchfarbe grob in Gruppen unterteilen. Von den **weißmilchenden Arten** gibt es nur zwei gut bekannte Arten, die **als Speisepilze einzustufen** sind: der Brätling (*Lactifluus volemus*) und der Schwarzkopfmilchling (*Lactarius lignyotus*). Beide kommen in Süddeutschland vor, wo man sie im Alpenraum, vor allem auch in Österreich und in der Schweiz, regelmäßig antrifft. Sie wachsen dort in Bergwäldern und erscheinen zwischen **August und Oktober**. Aus der Gattung der Milchlinge sind **keine Giftpilze bekannt**, doch ist bei manchen Arten dennoch Vorsicht geboten. Der **Birkenmilchling** (*Lactarius torminosus*) gilt in Osteuropa als guter Speisepilz, wenn man ihn zuvor einer bestimmten Behandlung unterzogen hat. In Deutschland wird er dagegen nur ungerne gesammelt, da seine **Milch extrem scharf** ist und daher zu Verdauungsstörungen führen kann. Zusammenfassend kann man sagen, dass alle rotmilchenden sowie die beiden hier genannten weißmilchenden Arten essbar sind, während man den über 60 weitere Arten umfassenden **Rest meiden** sollte. Auch ist auf regionale Sammelbeschränkungen zu achten, denn der Brätling steht auf der Liste der eingeschränkt geschützten Pilzarten, darf also nur in geringen Mengen gesammelt werden.

Der Fichtenreizker sondert orangerote Milch ab.

Frauentäubling und Verwandte

Essbar, guter Speisepilz

Woran erkennt man einen Täubling?

Die Täublinge (*Russula*) sind eine sehr artenreiche Gattung, die in Mitteleuropa über 200 Vertreter umfasst. Zusammen mit den Milchlingen (*Lactarius*) bilden sie gegenüber den anderen Lamellenpilzen eine eigene Ordnung, die Täublingsartigen (Russulales). Ihnen allen gemeinsam ist das **brüchige** Fleisch, das man mikromorphologisch auf die kugeligen Zellen zurückführen kann, aus denen die Fruchtkörper aufgebaut sind. Bei allen übrigen Lamellenpilzen bestehen die Fruchtkörper aus langgezogenen, fadenartigen Gebilden von wenigen Mikrometern Dicke, den sogenannten Hyphen.

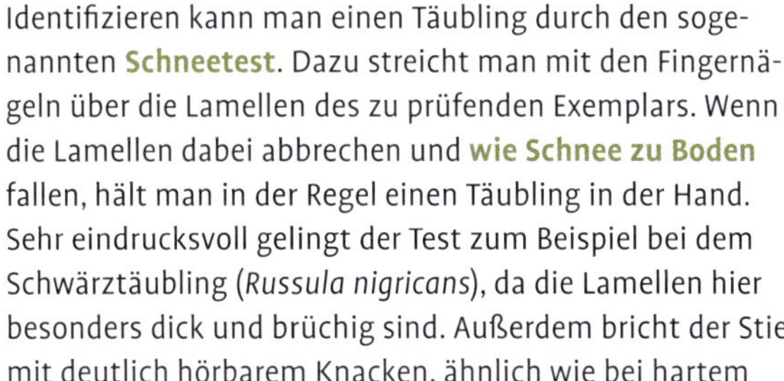

Identifizieren kann man einen Täubling durch den sogenannten **Schneetest**. Dazu streicht man mit den Fingernägeln über die Lamellen des zu prüfenden Exemplars. Wenn die Lamellen dabei abbrechen und **wie Schnee zu Boden** fallen, hält man in der Regel einen Täubling in der Hand. Sehr eindrucksvoll gelingt der Test zum Beispiel bei dem Schwärztäubling (*Russula nigricans*), da die Lamellen hier besonders dick und brüchig sind. Außerdem bricht der Stiel mit deutlich hörbarem Knacken, ähnlich wie bei hartem

Täublinge

› Brüchiges Fleisch

› Oft helle Stiele und farbenfrohe Hüte

› Täublingsregel beachten!

Käse. An der **Bruchstelle** sieht man keinerlei Fasern, sie **ist völlig glatt**. Sehr häufig haben Täublinge helle, manchmal reinweiße Stiele, aber **niemals Stielringe**, und ihre Hüte sind mehr oder weniger **kräftig gefärbt** und gewölbt. Sie alle sind **Mykorrhizapartner** verschiedener Laub- und Nadelhölzer und daher stets in Wäldern oder am Waldrand anzutreffen.

Was ist der Frauentäubling und welchen Speisewert hat er?

Der Frauentäubling (*Russula cyanoxantha*) ist eine der bekanntesten Täublingsarten und wird gerne gesammelt und verarbeitet. Er zeichnet sich durch mittelgroße Fruchtkörper mit bis zu 100 mm breiten, gewölbten Hüten aus, die im Alter in der Mitte etwas trichterig vertieft sein können. Die Hutoberfläche ist oft **mehrfarbig grünlich-violettlich**. Auf der Hutunterseite befinden sich **helle, cremefarbene Lamellen**, die beim Schneetest kaum zerbrechen, sondern – dies ist eine Ausnahme – **biegsam** sind. Der zylindrische, feste Stiel hat außer seiner weißen Farbe keine weiteren auffälligen Merkmale. Der Frauentäubling wächst sowohl in Laub- als auch in Nadelwäldern und ist schon **ab Juli** und fast überall häufig zu finden. Viele schätzen ihn als einen **sehr guten Speisepilz** und verwenden ihn in Misch- oder Täublingsgerichten, wo er sich durch sein mildes Aroma angenehm hervortut.

Frauentäubling

Was muss man bei den Täublingen beachten?

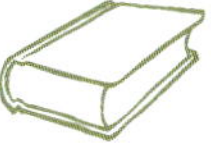

Zunächst muss man einen Täubling als solchen identifizieren, was meist recht einfach ist, da die Merkmale gut einprägsam und zudem ziemlich einheitlich sind, sodass man einen Vertreter dieser großen Gattung trotz der Vielfalt an Hut- und Lamellenfarben relativ gut erkennt.

Es gibt sowohl **mild schmeckende Täublinge** als auch solche mit bitterem oder gar scharfem Geschmack. Die milden Arten gelten durchgehend als Speisepilze. Sehr schmackhaft sind zum Beispiel der Frauentäubling (*R. cyanoxantha*) oder der Grünfelderige Täubling (*R. virescens*). Alle haben robuste, ergiebige Fruchtkörper mit festem Fleisch. Allerdings findet man in Mitteleuropa auch zahlreiche kleinere Arten, die zwar ebenfalls mild, jedoch weit weniger ergiebig sind und geschmacklich oft nicht mit den genannten Leckerbissen mithalten können. Auf der anderen Seite gibt es **scharf schmeckende Täublinge**, die zudem recht häufig sind, wie etwa der Speitäubling (*R. emetica*) oder der Zitronenblättrige Täubling (*R. sardonia*). Anhand einer **Geschmacksprobe**, etwa durch Berühren der Lamellen mit der Zunge oder durch das Kauen eines kleinen Stückchens Hutfleisch, kann man die ungenießbaren rasch von den essbaren Arten trennen. Diese Probe ist jedoch **nur bei den Täublingen** ratsam. Führen Sie bitte niemals Geschmacksproben an anderen Pilzarten durch, insbesondere dann nicht, wenn Sie sich bei deren Bestimmung unsicher sind. Noch einmal in aller Deutlichkeit: Außer bei der genannten Täublingsregel und dem Steinpilz sind Geschmacksproben bei Pilzen allgemein zu unterlassen.

Hübsch, aber scheußlich scharf ist der Speitäubling.

Parasolpilz

Essbar, guter Speisepilz

Woran erkennt man den Parasol?

Der Parasol (*Macrolepiota procera*), auch Riesenschirmling genannt, zählt zu den **größten Lamellenpilzen** Mitteleuropas. Seine Fruchtkörper können einen Hutdurchmesser von über 300 mm und eine Gesamthöhe von über 400 mm erreichen. Typisch ist die Paukenschlegelform junger Fruchtkörper, deren Hüte noch nicht ausgebreitet sind. Der Hutrand ist hier noch am Stiel befestigt. Erst wenn der Hut anfängt, sich auszubreiten, bricht die Verbindung auf und hinterlässt am Hutrand feine, wollige Flocken und am Stiel einen dicken, **verschiebbaren Ring**. Die Hutoberfläche ist filzartig weich und dunkelbräunlich schuppig auf blassbraunem Grund. In der Mitte des im Alter flach ausgebreiteten Hutes befindet sich ein meist komplett in Braun gehaltener Buckel, während der Stiel vor allem unterhalb des Ringes bräunlich **genattert** ist. Auf Druck oder im Anschnitt färbt der Parasol **nicht rot**.

Parasol

- Großer, stattlicher Fruchtkörper
- Verschiebbarer Ring
- Genatterter Stiel

Gibt es giftige Arten, die dem Parasol ähneln?

Neben der Gattung *Macrolepiota*, den Riesenschirmlingen, gibt es in Mitteleuropa eine Gattung mit kleineren Arten, deren Hutdurchmesser kaum 100 mm überschreitet und meist deutlich darunter bleibt. Es handelt sich um die **Schirmlinge** aus der Gattung *Lepiota*, die als ungenießbar oder aufgrund ihres Amanitingehalts als **gefährlich giftig** eingestuft werden. Zum Parasol haben diese kleinen Arten aber keinerlei Ähnlichkeit. Ihr vergänglicher, kleiner Ring ist nicht verschiebbar und der Stiel auch **nicht genattert** wie beim Parasol, sondern allenfalls in der jeweiligen Hutfarbe flockig gegürtelt. Auch ist der **Standort** deutlich verschieden: Während der Parasol zumeist auf Wiesen und an offenen Flächen wächst, erscheinen die kleineren Schirmlinge an nährstoffreichen Stellen, zum Beispiel auf Kompost, unter Brennnesseln, in Auwäldern und an Ufern von Bachläufen.

Der Parasol: mit großem Schirm und typischem, verschiebbarem Ring.

Lange Zeit glaubte man, die **Gattung** *Macrolepiota* enthalte keinen einzigen giftigen Pilz. Doch mittlerweile weiß man, dass Verwandte des Safranschirmlings (*Chlorophyllum rachodes*), die erst seit Kürzerem in einer eigenen Gattung zusammengefasst sind, vermehrt **Verdauungsstörungen** ausgelöst haben, und selbst der Safranschirmling ist verschiedentlich unter Giftverdacht geraten. Es wird allgemein geraten, keine Riesenschirmlinge zu essen, die im Garten oder an Komposthaufen gefunden wurden. Auch sie unterscheiden sich vom Parasol durch einen glatten, nicht genatterten Stiel und einen deutlich gedrungeneren Wuchs. Außerdem reagiert besonders die Stieloberfläche nach Ankratzen sofort mit Orangerotfärbung.

Fliegenpilz Giftig

Ist der Fliegenpilz wirklich so unverwechselbar?

Der Fliegenpilz (*Amanita muscaria*) ist in der Tat eine der bekanntesten Pilzarten der Welt, er taucht oft auf Zeichnungen in Märchen und Erzählungen auf und steht symbolisch für das Glück. In vielen Gegenden repräsentiert er den Wald und die Natur. Sein Markenzeichen ist der **leuchtend rote** Hut mit den weißen Punkten darauf. Wie diese biologisch zustande kommen, erhellt sich, wenn man sich die Fruchtkörper genauer anschaut. Im ganz jungen Zustand umhüllt eine dicke Schicht aus Pilzfäden den Fruchtkörper, der stetig wächst und so die ihn umgebende Hülle schließlich aufreißt. Hier gibt es jedoch keine Sollbruchstellen, durch die klar erkennbare **Hüllreste** an der Basis oder auf dem Hut zurückbleiben würden. Vielmehr entsteht ein dichtes Netz aus Rissen, aus dem schließlich die charakteristischen **weißen Punkte** hervorgehen. Zurück bleiben

Fliegenpilz

- Roter Hut mit weißen, punktförmigen Hüllresten
- Hüllreste können abgewaschen sein
- Stielbasis knollig mit Warzenkränzen

aber nicht nur diese Punkte, sondern auch **warzige** Gürtel an der **knolligen** Stielbasis. Wie viele andere Arten aus der Gattung der Wulstlinge (*Amanita*) hat auch der Fliegenpilz noch eine weitere Hülle, die sich beim jungen Fruchtkörper von der Stielmitte zum Hutrand spannt. Bricht diese auf, bleibt ein Stielring übrig, der lappig herabhängt und an dessen Rand sich blassgelbliche Flocken befinden. Die beiden Hüllen haben die Aufgabe, den jungen, noch unreifen Fruchtkörper zu schützen. Im Alter verlieren sie ihre Funktion und Regen oder Schneckenfraß lassen sie recht oft verschwinden, sodass der Hut schließlich in reinem, leuchtenden Rot erstrahlt. In diesem Zustand kann man ihn durchaus für einen der rothütigen Täublinge halten, die ihm auch sonst ein wenig ähneln, aber anders als der Fliegenpilz kein faseriges, sondern käseartig brüchiges Fleisch besitzen und zudem keinen Stielring haben.

Typisch lappiger Stielring

Welche Giftstoffe befinden sich im Fliegenpilz?

Der Fliegenpilz enthält Ibotensäure, Muscimol, Muscazon sowie geringe Mengen an Muscarin. Die Konzentration an **Ibotensäure**, dem Hauptgiftstoff, ist regional unterschiedlich, sodass sich ihr Anteil am Frischgewicht zwischen 0,03 % und 0,1 % bewegt. Wenn man die rote Huthaut des Fliegenpilzes abzieht, kommt darunter eine orangegelbliche Schicht zum Vorschein, die bereits zum Hutfleisch gehört. Die Farbe dieser Schicht beruht auf einem Farbstoff, einem Derivat der Ibotensäure, das sich von diesem Giftstoff lediglich durch ein paar wenige Atome unterscheidet.
Muscimol ist dagegen eine decarboxylierte Form der Ibotensäure und deutlich wirksamer als diese. Schon geringe Dosen genügen für einen ordentlichen **Rauschzustand**.

Der Fliegenpilz trägt den Giftstoffnamen **Muscarin** in seiner wissenschaftlichen Bezeichnung, da man früher annahm, dieses sei für sämtliche Symptome einer Fliegenpilzvergiftung verantwortlich.

Kann man den Fliegenpilz essen? Welche Symptome ruft er hervor?

An dieser Stelle sei zunächst gesagt, dass der Fliegenpilz **keinesfalls für Speisezwecke** zu verwenden ist. Selbst eine kurze Geschmacksprobe mit der Zunge, wie sie bei den Täublingen zur Bestimmung angeraten wird, führt bei dieser Art dazu, dass die giftige Ibotensäure über die Zunge in den Blutkreislauf gelangt.
Der Verzehr von Fliegenpilzen führt nach 15 Minuten bis spätestens drei Stunden zu Muskelzuckungen, Schwindelgefühl, Realitätsverlust sowie individuell zu Euphorie, wirren Träumereien oder Tobsuchtsanfällen und Depression. Wer sich vom Genuss des Fliegenpilzes psychedelische Erlebnisse verspricht, kann durch Erbrechen und Durchfälle schnell auf den Boden der Tatsachen zurückgeholt werden, denn die enthaltenen Giftstoffe wirken nicht bei jedem gleich. Demzufolge ist der **Vergiftungsverlauf nur schwer vorherzusehen**, weshalb jedem angeraten sei, die Art auch nicht zu Versuchszwecken oder als Mutprobe zu verzehren. Nur **selten** wirkt der Fliegenpilz **tödlich**. Dies geschieht vor allem bei Personen, deren Gesundheit angegriffen ist und bei denen die Gefahr der Atemlähmung und des Kreislaufzusammenbruchs besteht.

Pantherpilz Sehr giftig

Woran erkennt man den Pantherpilz?

Um den Pantherpilz (*Amanita pantherina*) erkennen zu können, muss man ihn mindestens einmal in natura gesehen haben. Das Bestimmen von Pilzen allein anhand von Büchern oder Bildern ist eine schwierige Angelegenheit, vor allem für Einsteiger, die gerade erst das große Feld der Pilze für sich entdecken. Der Pantherpilz ist ein bedeutender **giftiger Doppelgänger** des Perlpilzes (*Amanita rubescens*) sowie des Grauen Wulstlings (*Amanita excelsa*), und als Pilzsammler sollte man ihn unbedingt kennen. Denn auch heute noch nimmt diese Art mit dem grauen Hut und den weißen Punkten regelmäßig einen Spitzenplatz auf der jährlich von der DGfM herausgegebenen Liste der deutschlandweiten **Vergiftungsfälle** ein.
Der Pantherpilz ist ein mittelgroßer Pilz mit **mausgrauem bis graubraunem Hut**, auf dem sich ähnlich wie beim Flie-

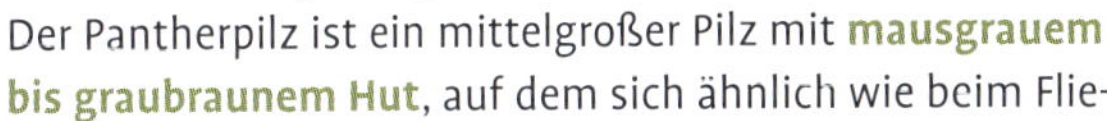

Pantherpilz

- Mausgrauer bis graubrauner Hut, weiße Hüllreste
- Dünner, ungestreifter Stielring
- Blumentopfartige Basis

Typisch: Hüllreste auf dem Hut und Stielring sowie eine knollige Basis

genpilz weißliche, **pyramidenförmige** Hüllreste finden, die vom Regen abgewaschen werden können. Aber auch ohne diese Hüllreste hat die Art noch genügend Erkennungsmerkmale. Die weißen Lamellen erreichen den Stiel nicht, sondern biegen sich kurz davor nach oben. In einem solchen Fall spricht man von **frei stehenden** Lamellen, ein Merkmal, das der Pantherpilz mit vielen seiner Verwandten aus der Gattung der Wulstlinge (*Amanita*) teilt. Der **beringte** Stiel ist an der Basis stark knollig und von Hüllresten in Form eines Blumentopfes umgeben, sodass er regelrecht darin eingepfropft zu sein scheint. Der **glatte** Stielring hängt meist lappig herab und vergeht relativ schnell. Achten Sie auch auf den **gestreiften** Hutrand, der aber bei einer Variation des Pantherpilzes, dem Tannen-Pantherpilz (*Amanita pantherina* var. *abietinum*) fehlt. Vor allem hier droht Verwechslungsgefahr, prüfen Sie also unbedingt bei allen eingesammelten Pilzen die Form der Stielbasis.

Ist der Pantherpilz gefährlich giftig?

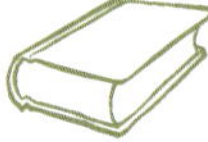

Fakt ist, dass der Pantherpilz noch höhere Konzentrationen an Ibotensäure und Muscimol enthält als der Fliegenpilz. Die **rauschartigen Vergiftungen** verlaufen entsprechend heftiger und führen auch häufiger zum Tod, besonders bei Personen, deren Kreislauf ohnehin schon geschwächt ist. Es gibt bestimmte Gegenden, in denen der Pantherpilz als Speisepilz verwendet wird, wobei es sich hier um eine giftstoffarme Variante handeln könnte. Generell ist vom Verzehr des Pantherpilzes **unbedingt abzuraten**.

Perlpilz Essbar, roh giftig und Grauer Wulstling Mäßiger Speisepilz

Wie kann man den Perlpilz vom Pantherpilz unterscheiden?

Der **Perlpilz** (*Amanita rubescens*) gilt deutschlandweit als einer der häufigsten Lamellenpilze, der sowohl in Laub- als auch in Nadelwäldern vorkommen kann. Er wird gerne gesammelt und verzehrt, sofern er nicht bereits von Insekten befallen wurde, was bei dieser Art recht häufig vorkommt. Gefährlich wird es, wenn man den giftigen Doppelgänger des Perlpilzes, den Pantherpilz (*Amanita pantherina*), nicht kennt. Deshalb sollten Sie sich unbedingt mit ihm vertraut machen, bevor Sie sich dem Perlpilz zuwenden. Der Perlpilz hat einen weniger mausgrauen, sondern vielmehr **rötlich- bis orangebraunen Hut** mit graubräunlichen bis blassbräunlichen Hüllresten, die keineswegs so punkt- und pyramidenförmig sind wie beim Pantherpilz, sondern eher

Perlpilz

- Bei Verletzung rötend
- Schollenartige Hüllreste auf dem Hut
- Oberseits rilliger Stielring
- Einfache, keulige Basis

flach schollenartig. An Druckstellen und noch viel deutlicher **an Fraßstellen** wird das Fleisch des Perlpilzes **rot**, während beim Pantherpilz keine Farbänderung zu beobachten ist. Schaut man sich den Stiel an, erkennt man einen **oberseits gestreiften Stielring** sowie eine einfache, keulig verdickte Stielbasis. Der Pantherpilz hingegen hat einen glatten Stielring und eine blumentopfartige Basis (siehe Seiten 85/86).

Sind Fraßstellen ein Hinweis auf die Essbarkeit von Pilzen und kann man daran einen Perlpilz erkennen?

Unter Pilzsammlern haben sich bis heute allerhand **Mythen** gehalten, die nur teilweise wahr und oft sogar kompletter Unsinn sind. So kann man immer wieder hören, es sei ein Zeichen für die Giftigkeit des Pilzes, wenn ein Silberlöffel, ins Kochwasser der Pilze gelegt, sich schwarz verfärbt. Ebenso hält sich die Vermutung, Schneckenfraß könne ein Zeichen für die Genießbarkeit eines Pilzes sein. Doch beide Annahmen sind völlig falsch. Weder Silberlöffel noch Schneckenfraß sind geeignete Methoden, um eine Art als Gift- oder Speisepilz zu identifizieren. Allein die Kenntnis der Pilze schützt den Sammler vor gefährlichen Vergiftungen. Schnecken und auch Insekten haben ein **ganz anderes Verdauungssystem**, das die Giftstoffe gar nicht erst aufnimmt oder sie unschädlich macht. Manche für uns giftige Pilze sind für die kleinen Tiere sogar wahre Delikatessen. Schade nur, dass sie auch vor vielen Speisepilzen keinen Halt machen.

Gestreifter Stielring und einfache, keulig verdickte Basis beim Perlpilz

Was ist ein Grauer Wulstling?

Der Graue Wulstling (*Amanita excelsa*), auch Gedrungener Wulstling genannt, ist ein häufiger **Laub- und Nadelwaldbewohner** und erscheint wie Perlpilz und Pantherpilz zwischen **Juli und November**. Alle diese Pilzarten gehen eine Symbiose mit Bäumen ein, wobei sie nicht sehr wählerisch sind. Nur der Pantherpilz zeigt gewisse Präferenzen für Fichten und Buchen. Der Graue Wulstling ist ein stattlicher Lamellenpilz mit **weißen, freien Lamellen** und einem **mausgrauen Hut**, auf dem sich **hellgraue, schollenartige** Hüllreste befinden. Allein aufgrund des grauen Hutes besteht eine erhöhte **Verwechslungsgefahr** mit dem Pantherpilz. Man achte hier sehr genau auf Farbe und Form der Hüllreste.

Ist der Graue Wulstling geschmacklich wertvoll?

Der Graue Wulstling hat nach Meinung vieler Pilzsammler nur einen **geringen Speisewert**. Zwar ist der Pilz, der mit seiner rübenartigen Stielbasis oft tief im Boden steckt, überaus häufig, doch eignet sich die Art aufgrund ihres faden Geschmacks eher für Mischgerichte.

Grauer Wulstling

- Schollige Hüllreste auf dem Hut
- Einfache, keulige Stielbasis
- Oberseits rilliger Stielring

Grüner Knollenblätterpilz und Verwandte

Tödlich giftig

Hat der Grüne Knollenblätterpilz eindeutige Erkennungsmerkmale?

Der Grüne Knollenblätterpilz (*Amanita phalloides*) ist einer der bekanntesten und berüchtigsten Giftpilze überhaupt. Fälle von Vergiftungen mit diesem Pilz ziehen sich womöglich durch die ganze Menschheitsgeschichte. So wurde die Art vor über 2000 Jahren von den Römern für hinterlistige Morde an verhassten Gegnern eingesetzt, wobei man ausnutzte, dass der Verzehr der Fruchtkörper absolut tödlich ist. Die **extreme Giftigkeit** ist der Grund, warum es Jahr für Jahr viele Anfragen zu seinen Erkennungsmerkmalen gibt. Gleich zu Anfang sei gesagt, dass der Grüne „Knolli", wie er unter Pilzsammlern häufig genannt wird, in natura **nicht immer so grüne Hüte** hat wie in der Literatur abgebildet. Nicht selten findet man sehr helle Exemplare mit fast wei-

Grüner Knollenblätterpilz

- Mehr oder weniger grünlicher, radialstreifiger, ausgebreiteter Hut
- Hängender Stielring und häutige Stielscheide
- Grünlich genatterter Stiel
- Standort bei Eichen

ßen Hüten, die dann bei Unachtsamkeit mit den ebenfalls weißen Champignons verwechselt werden können. Typischerweise ist die **Hutoberfläche** dieses Lamellenpilzes **radialfaserig** und hat auch bei sehr hellen Exemplaren irgendwo grünliche Farbflecken. Die Lamellen an der Unterseite des Hutes sind weiß und frei stehend, und der **fein grünlich genatterte Stiel** hat einen **lappig herabhängenden Stielring** sowie an der Basis eine **weiße, häutige Stielscheide**. Diese stellt den Rest der Universalhülle dar, die den jungen Pilz anfangs komplett umgibt. Nur sehr selten finden sich Reste von ihr auch auf dem Hut, wo sie dann meist relativ groß und schollenartig sind. Da die Universalhülle beim Grünen Knollenblätterpilz wesentlich dicker ist als etwa beim Fliegenpilz, reißt sie an nur wenigen Stellen, weshalb **auf dem Hut niemals punktartige Überreste** zurückbleiben.

Typisch: Eine knollige Basis mit häutiger Stielscheide. Die Reste der Hülle am Hut sind meist groß und lappig.

Wächst der Grüne Knollenblätterpilz bevorzugt an bestimmten Standorten?

Die weit verbreitete Art mag **neutrale bis basenreiche Böden** und geht Symbiosen mit verschiedenen Laubbäumen ein, besonders häufig mit Eichen. Das Vorkommen des Grünen Knollenblätterpilzes ist aber **an keinem Standort wirklich auszuschließen**, weshalb man essbare Arten, die ihm ähneln, nicht einfach unbedacht einsammeln darf, nur weil man meint, der Grüne Knollenblätterpilz komme hier nicht vor. Er wächst zwischen **Juli und Oktober**.

Was macht den Grünen Knollenblätterpilz so giftig?

Der Grüne Knollenblätterpilz enthält die hochgiftigen **Amatoxine** und **Phallotoxine**. An Amatoxinen sind vor allem α-Amanitin und β-Amanitin vorhanden, die beide die RNA-Synthese in den Zellkernen hemmen. In der Folge werden für die Funktion der Leber entscheidende Proteine nicht mehr gebildet. Sobald die noch vorhandenen Proteine aufgebraucht sind, stellt die Leber ihren Dienst ein. Die Folgen sind **Leberkoma** und im schlimmsten Fall der **Tod**.
Für einen erwachsenen Menschen genügen bereits **50 g Frischpilze**, um ernsthafte oder sogar tödliche Vergiftungen hervorzurufen. Das entspricht etwa einem mittelgroßen Fruchtkörper mit einer Hutbreite von 40–60 mm. Der Grüne Knollenblätterpilz ist für etwa 80–90 % aller tödlich verlaufenden Pilzvergiftungen verantwortlich, während sein Anteil an den gesamten Vergiftungen nur sehr gering ist.
Gefährlich ist auch der **Vergiftungsverlauf**. Die Latenzzeit, also jene Zeit, die bis zum Auftreten der ersten Vergiftungserscheinungen vergeht, beträgt etwa vier bis sechs Stunden. Die **erste Vergiftungsphase** verläuft unterschiedlich stark und äußert sich durch kolikartige Bauchschmerzen mit massiven, wässrigen und später auch blutigen Durchfällen. Dann tritt häufig eine **Phase der leichten Besserung** ein, sodass man glauben könnte, man habe die Vergiftung überstanden. Doch das ist nicht Fall. Es folgt die letzte, die **enterohepatische Phase**, in der es zum Funktionsausfall der Leber kommt.

Gibt es noch andere Knollenblätterpilze?

Neben dem Grünen gibt es noch den Weißen Knollenblätterpilz (*Amanita verna*) und den Kegelhütigen Knollenblätterpilz (*Amanita virosa*). Beide Arten sind ungefähr genauso giftig wie ihr Verwandter mit dem grünen Hut. Auch sie enthalten tödliche Mengen an Amatoxinen.
Der **Kegelhütige Knollenblätterpilz** hat einen **kegeligen, weißlichen** Hut und einen **flockig weiß genatterten**, manchmal etwas **schuppigen** Stiel mit einem lappig herabhängenden Stielring und einer häutigen Stielscheide. Im Gegensatz zum grünen Verwandten kommt der Kegelhütige Knollenblätterpilz bevorzugt in Nadel- und Mischwäldern unter **Fichten** vor.
Der **Weiße Knollenblätterpilz**, auch Frühlings-Knollenblätterpilz genannt, wird bisweilen als Variation des Grünen Knollenblätterpilzes angesehen und hat einen **weißlichen, schnell abflachenden** Hut sowie einen mehr oder weniger glatten Stiel, der ebenfalls einen herabhängende Stielring und eine häutige Stielhülle hat. Diese Art hat ihren Verbreitungsschwerpunkt eher im südlichen Europa und erscheint dort unter Eichen. Zum Schluss noch eine deutliche Warnung: Prägen Sie sich die Merkmale der Knollenblätterpilze genauestens ein, bevor Sie anfangen, Pilze für den Verzehr zu sammeln.

Kegelhütiger Knollenblätterpilz

Gelber Knollenblätterpilz

Leicht giftig

Woran erkennt man einen Gelben Knollenblätterpilz?

Der Gelbe Knollenblätterpilz (*Amanita citrina*) ist ein häufiger Bewohner in **Laub- und Nadelwäldern** und erscheint zwischen **Juli und November**. Er bildet mittelgroße bis große Fruchtkörper mit bis zu 140 mm breitem, anfangs halbkugeligem, später flach ausgebreitetem Hut. Auf der matt gelben bis **blass schmutziggelben** Hutoberfläche befinden sich typischerweise **gelbbräunliche** Hüllreste, die oft recht groß und inselförmig sind. Diese Hüllreste sind nicht fest mit der Oberfläche verwachsen und können daher vom Regen abgewaschen werden. Die Lamellen an der Hutunterseite sind weiß und frei, und der Stiel hat einen hängenden Ring und eine stark verdickte Basis. Diese

Gelber Knollenblätterpilz

- Blassgelber Hut mit gelbbraunen Hüllresten
- Stark abgesetzte knollige Stielbasis
- Geruch nach Kartoffelkeller

Basis wird als **abgesetzt knollig** bezeichnet, da der zylindrische Stiel zur Basis hin abrupt in eine Verdickung übergeht. Ein wichtiges Bestimmungsmerkmal ist der Geruch des Gelben Knollenblätterpilzes, der an einen **Kartoffelkeller** denken lässt.

Der Gelbe Knollenblätterpilz ist sicherlich genauso giftig wie die anderen Knollenblätterpilze, oder?

Viele glauben, der Gelbe Knollenblätterpilz müsse schon allein aufgrund des Namens genauso giftig sein wie alle übrigen Knollenblätterpilze. Doch das ist falsch, denn die Vertreter dieser Art enthalten weder Amatoxine noch Phallotoxine, sondern nur das **Krötengift Bufotenin**. Dieses führt, wenn man die Pilze roh verzehrt, zu Magen-Darm-Beschwerden, verliert aber nach Erhitzen seine Wirkung. Dennoch ist vom Verzehr des Gelben Knollenblätterpilzes abzuraten, da er für **kulinarische Zwecke ungeeignet** ist und eine gewisse **Verwechslungsgefahr** mit den anderen hellhütigen Knollenblätterpilzen durchaus besteht.

Welche Verbreitung hat der Gelbe Knollenblätterpilz?

Der Gelbe Knollenblätterpilz bevorzugt als Mykorrhizapilz die Gemeine Fichte sowie die Rotbuche. Da die Art saure Böden mag, profitierte sie von der oberflächlichen Bodenversauerung, welche Konkurrenzarten zunehmend verdrängt hat. Das Fichtensterben hingegen drängt den Wulstlingsverwandten etwas zurück. Man kann heute insgesamt von einer mäßigen, aber guten Verbreitung sprechen. Die Art kann im Mittelmeerraum ebenso gefunden werden wie in Skandinavien, Russland oder Australien.

Schopftintling

Essbar, guter Speisepilz

Woher hat die Art ihren Namen? Konnte man mit ihrer Tinte etwa schreiben?

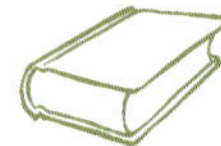

Es gibt tatsächlich Hinweise, dass vor allem im Mittelalter Bücher mit der Tinte des Schopftintlings (*Coprinus comatus*) geschrieben wurden. „Tinte" heißt hier nichts anderes als eine große Masse dunkler Sporen und abgestorbener Zellen. In einem zügigen **Zersetzungsprozess** hat sich alles zu einer zähen Sporenmasse verflüssigt, die am Ende vom Hut auf den Boden tropft.

Welche Merkmale hat der Schopftintling?

Der Schopftintling hat einen über lange Zeit **walzenförmigen** Hut, der bis zu 200 mm hoch wird. Anfangs kann er den Stiel komplett umschließen, sodass dieser erst sichtbar wird, wenn der Hut schließlich aufschirmt. Die Hutoberfläche ist **deutlich schuppig** und nur in der Hutmitte ockerfarbig, ansonsten weiß. Schneidet man junge Fruchtkörper auf, erkennt man, wenn der Hut schon angefangen hat, sich auszubreiten, einen zylindrischen, komplett weißen und glatten Stiel mit einem **Ring**. Im Laufe des Reifeprozesses läuft der Fruchtkörper vom Rand her zunächst rosafarbig an, bevor er sich dann schließlich schwarz färbt. Der Hutrand löst sich von der Stielmitte und lässt den Stielring zurück, der **verschiebbar** ist und schnell abfallen kann. Schließlich **zerfließt** der komplette Hut zu der schwarzen, tintenartigen Masse und zurück bleibt nur der bis zu 300 mm hohe Stiel.

Der Hut zerfließt bei älteren Exemplaren zu einer tintenartigen Masse.

Schopftintling

- Große Fruchtkörper mit walzenförmigem Hut
- Beringter Stiel
- Im Alter stark zerfließend

Ist der Schopftintling essbar? Und wie lange kann er aufbewahrt werden?

Der Schopftintling gilt als **hervorragender Speisepilz** und wird gerne gesammelt. Zudem ist er gebietsweise sehr häufig und tritt oft in größeren Mengen auf. Er erscheint zwischen Juni und November **an nährstoffreichen Stellen** wie Wegrändern, Wiesen und Weiden, an Waldrändern und in Gärten. Bisweilen wächst er in Reihen und ganzen Hexenringen. Zum Verzehr sind aber **nur junge Fruchtkörper geeignet**, deren Fleisch beim Querschnitt noch keine Verfärbungen zeigt. Nach dem Einsammeln sollte er direkt zubereitet werden, da er selbst im Kühlschrank nur **wenige Stunden haltbar** ist. Der Schopftintling ist aufgrund seines zarten Fleisches, das in seiner Konsistenz und bisweilen auch geschmacklich mit Spargel verglichen wird, besonders für Mischgerichte geeignet. Diese sollten nur mild gewürzt sein, da kräftigere Aromen den Geschmack des Schopftintlings überdecken würden.

Grauer Faltentintling: Glatter, mausgrauer Hut

Gibt es Giftpilze, mit denen man den Schopftintling verwechseln kann?

Der Schopftintling ist **nahezu unverwechselbar**, besonders wegen seiner Größe und dem im Alter stark zerfließenden Hut. Der **Graue Faltentlintling** (*Coprinopsis atramentaria*) bildet von der Form her ähnliche Fruchtkörper, deren Hut jedoch mausgrau gefärbt und zudem glatt ist. Seinem Stiel fehlt außerdem der Stielring. Die Art ist zwar ebenfalls essbar, sollte aber wegen des Copringehalts **nicht zusammen mit Alkohol** verzehrt werden. Da der Stoff den Abbau des Alkohols im Körper hemmt, kann es im schlimmsten Fall zu einer Alkoholvergiftung kommen. Andere Tintlinge haben entweder wesentlich kleinere Fruchtkörper, wachsen an anderen Standorten oder unterscheiden sich deutlich durch charakteristische Hutfarben. Aber auch unter ihnen gibt es nach aktuellem Kenntnisstand **keine Giftpilze**.

Wiesenchampignon

Essbar, guter Speisepilz

Wie kann ich den Wiesenchampignon eindeutig erkennen?

Der Wiesenchampignon (*Agaricus campestris*) ist einer der beliebtesten Wildpilze. Zwischen **Juni und Oktober** ist er **auf Wiesen und Weiden** anzutreffen, wo er mittelgroße Fruchtkörper mit anfangs halbkugeligem, sich dann ausbreitendem, bis 100 mm breitem Hut bildet. Der Hut hat eine **weiße, glatte** Oberfläche und einen bisweilen seidig behangenen und vor allem überstehenden Rand. Die Lamellen, die bei jungen Fruchtkörpern rosa gefärbt und bauchig sind, erreichen den Stiel nicht, sind also **frei stehend**. Mit zunehmendem Alter werden sie dunkler, bis sie schließlich purpurbraun sind. Der Stiel ist zylindrisch und zur Basis hin meist etwas zuspitzend. Er hat einen meist deutlich entwickelten, filzigen und herabhängenden Ring, der nicht doppelt ist. Das Fleisch des Wiesenchampignons färbt sich **im Anschnitt weder gelb noch rot** und hat einen angenehm pilzartigen Geruch, der aber kein eindeutiges Bestimmungsmerkmal darstellt.

Wiesenchampignon

- Weißer, glatter Hut
- Nicht verfärbendes Fleisch
- Hängender, einfacher Stielring
- Auf Wiesen und Weiden

Frei stehende, rosabraune Lamellen

Waldchampignons röten bei Verletzung.

Manchmal finde ich auch gilbende oder rötende Champignons. Sind das ebenfalls Wiesenchampignons?

Der Wiesenchampignon hat weder einen eindeutig definierbaren Geruch, noch färbt sich sein Fleisch nach Verletzung. Können Sie bei Ihrem Fund einen Geruch oder ein Verfärben feststellen, handelt es sich wohl nicht um einen Wiesenchampignon. Es gibt in Mitteleuropa etwa 60 bis 70 verschiedene Champignonarten, die jeweils individuelle Merkmale haben. Hier sind einige wichtige Gruppen:

- Arten, deren Fleisch nach Verletzung weder rötet noch gilbt
- Arten mit gilbendem Fleisch und oft karbolartigem oder anisartigem Geruch
- Arten, deren Fleisch nach Verletzung rot anläuft

Gilbende Arten mit deutlich unangenehmem **Karbolgeruch** gehören der Gruppe um den Karbolegerling (*Agaricus xanthodermus*) an. Vertreter dieser Gruppe sind grundsätzlich zu meiden, da alle bekannten Arten giftig oder zumindest

aufgrund des schlechten Geschmacks ungenießbar sind.
Bis auf wenige ungenießbare Arten sind **alle rötenden Champignons essbar**, allen voran der Waldchampignon (*Agaricus silvaticus*).
Bei den **Arten mit nicht färbendem Fleisch** gibt es ein paar, die ungenießbar sind. Die anderen sind **essbar**, darunter auch der hier beschriebene Wiesenchampignon und der im Handel erhältliche Zuchtchampignon (*Agaricus bisporus*), von dem zwei Variationen mit verschiedenen Hutfarben, nämlich braun und weiß, existieren.

Gibt es weitere Arten, die man mit dem Wiesenchampignon verwechseln könnte?

Es gibt eine ganze Reihe weißer Lamellenpilze, die dem Wiesenchampignon ähneln, darunter auch der tödlich giftige **Weiße Knollenblätterpilz** (*Amanita verna*). Besonders junge Wiesenchampignons, deren Lamellen noch fast weiß gefärbt sind, können beim flüchtigen Einsammeln mit ihm verwechselt werden. Daher sollte man sich grundsätzlich jeden gesammelten Wiesenchampignon genauestens anschauen.
Der Weiße Knollenblätterpilz wächst in Wäldern und nur selten auf Wiesen, da er als Mykorrhizapilz auf einen Symbiosepartner angewiesen ist. Als **sicheres Unterscheidungsmerkmal** hat er an der Stielbasis eine **häutige Stielscheide**, die allen Champignonarten fehlt. Der **Rosablättrige Egerlingsschirmling** (*Leucoagaricus leucothites*) kann da schon leichter mit den Champignons verwechselt werden, da auch er keine Stielscheide hat und einen hängenden Stielring besitzt. Seine Lamellen färben sich im Alter jedoch nicht um, sondern bleiben weißlich. Eine Verwechslung wäre zwar nicht tragisch, jedoch sollte der Egerlingsschirmling nicht zum Verzehr gesammelt werden, da er unverträgliche Stoffe enthält.

Karbolegerling Giftig

Welche Merkmale kennzeichnen den Karbolegerling?

Der Karbolegerling (*Agaricus xanthodermus*) ist ein mittelgroßer bis großer Pilz mit einem bis zu 120 mm breiten, vor allem jung auffallend **trapezförmig buckeligen** Hut. Die Oberfläche ist matt und seidig weiß. Die Lamellen sind bei jungen Exemplaren graurosafarben, bei älteren sind sie purpurbraun. Der Stiel ist zylindrisch mit knolliger Basis und hat einen lappig herabhängenden Ring. Sehr auffällig ist das folgende Merkmal: Kratzt man die **Stielbasis** an, **färbt** sie sich vor allem bei frischen Fruchtkörpern sofort **intensiv chromgelb**. Diese Farbänderung ist in der Intensität nirgends sonst am Pilz erkennbar, der zudem einen deutlichen Geruch nach **Karbol** oder Tinte verströmt. Diese Merkmalskombination sollte man sich unbedingt einprägen, denn mit ihr kann man alle giftigen Arten aus der Gattung der Champignons erkennen und aussortieren.

Graurosa Lamellen, herabhängender Ring und intensiv chromgelbe Verfärbung

Welche Giftstoffe enthält der Karbolegerling?

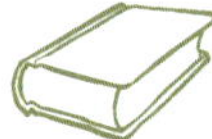

Die giftigen Substanzen im Karbolegerling sind weitgehend unerforscht. Nach einer Latenzzeit von 30 Minuten bis drei Stunden verursachen sie durch Reizung der Magenschleimhäute **starke Verdauungsbeschwerden** mit anhaltenden Durchfällen und Erbrechen. Tödlich verlaufende Vergiftungen sind jedoch bei allen giftigen Champignonarten höchst

Karbolegerling

- Stark gilbende Stielbasis
- Trapezförmig buckeliger Hut
- Karbolgeruch

selten, zumal bei ihnen der Karbolgeruch beim Kochen oder Braten noch sehr viel stärker wird und die Verwechslung spätestens dann auffallen sollte.

Wächst der Karbolegerling zur gleichen Zeit wie essbare Champignons?

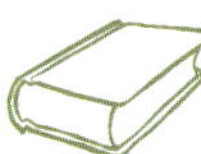

Das Pilzwachstum ist **vom Wetter abhängig**, weshalb man anhand von Wuchszeiten allein keine essbaren von giftigen Champignonarten unterscheiden kann. In unserem Falle hilfreicher ist da schon der Wuchsort, denn da der Karbolegerling **nährstoffreiche Böden** bevorzugt, trifft man ihn vor allem auf Friedhöfen und Komposthaufen an. Daneben ist er aber auch auf reinen Wiesen- und Weideflächen nicht auszuschließen, sodass man ihn durchaus zusammen mit dem Wiesenchampignon finden kann. Anhand der stark gilbenden Stielbasis beim Karbolegerling lassen sich die beiden Arten dann aber gut unterscheiden.

NICHT-BLÄTTERPILZE

Pfifferling

Essbar, guter Speisepilz

Wie sieht ein typischer Pfifferling aus?

Der Pfifferling (*Cantharellus cibarius*), er wird auch Eierschwamm genannt, ist ein **Mykorrhizapilz**, der zumeist eine Symbiose mit Nadelbäumen, gerne mit der **Fichte**, eingeht. Er bildet mittelgroße Fruchtkörper mit einem Hutdurchmesser von durchschnittlich 60 mm. Der gesamte Fruchtkörper ist **orangegelblich** bis dunkelgelb-aprikotfarben und hat im jungen Zustand einen knopfförmigen, später sich ausbreitenden und trichterartig vertieften Hut mit glatter Oberfläche. Auf der Hutunterseite befinden sich entfernt stehende, rillenartige **Leisten**, die am Stiel herablaufen. Diese Leisten sind zum Hutrand hin oft gabelartig **verzweigt** und haben Querverbindungen, die man als **Anastomosen** bezeichnet. Der ringlose Stiel ist zylindrisch oder zur Basis hin etwas verschmälert und auf der gesamten Oberfläche glatt. Die Fruchtkörper wachsen oft dicht

Pfifferling

- Orangegelber Fruchtkörper
- Leisten unter dem Hut
- In Laub- und Nadelwäldern

zusammen und verformen sich daher gegenseitig, sodass die typische Pilzform nicht selten verloren geht. Dies ist ein gutes Beispiel für die Formvariabilität von Pilzen, die längst nicht immer so aussehen müssen, wie in den Büchern abgebildet.

Was ist der Unterschied zwischen Lamellen und Leisten?

Es gibt in Mitteleuropa weit über 2000 verschiedene Lamellenpilze, aber nur sehr wenige Leistenpilze, zu denen zum Beispiel der Pfifferling und die Totentrompete (*Craterellus cornucopioides*) gehören. Die Lamellenpilze haben auf der Unterseite des Hutes meist Lamellen, die mehr oder weniger dicht zusammenstehen. Nur bei wenigen Lamellenpilzen ist die Hutunterseite aderig oder runzelig, was man aber hier niemals leistenartig nennt. Leisten sind vielmehr konzentrisch verlaufende, sehr schmale Erhebungen auf der Unterseite des Hutes, die auf ihrer gesamten Fläche eine Fruchtschicht aufbauen. Im Extremfall, etwa bei der Totentrompete, sind die Leisten derart reduziert, dass der Hut auf seiner Unterseite völlig glatt wirkt.

Der dem Pfifferling ähnliche Falsche Pfifferling (*Hygrophoropsis aurantiaca*) ist gut für einen Vergleich: Er hat im Gegensatz zum Pfifferling Lamellen.

Falscher Pfifferling: mit Lamellen

Gibt es auch blassere oder sogar amethystfarbene Pfifferlinge?

Es gibt sehr viele verschiedene Formen und **Varietäten** des Pfifferlings. Die normale Form tritt wahrscheinlich nur zusammen mit Nadelbäumen auf. **Funde aus Laubwäldern sind blasser** und haben meist kräftiger gebaute Fruchtkörper mit einem durchschnittlichen Hutdurchmesser von über 80 mm. Daneben gibt es auch solche Exemplare, die annähernd die Farbe eines normalen Pfifferlings besitzen, auf ihrer Hutoberfläche aber **violette Schüppchen** haben. In dem Fall handelt es sich um den Amethyst-Pfifferling (*Cantharellus amethysteus*). Die blasse Form dagegen wird bisweilen auch als eigenständige Art angesehen, die dann einfach Blasser Pfifferling (*Cantharellus pallidus*) heißt. Außerdem gibt es verschiedene **Übergangsformen**, insbesondere in Mischwäldern mit unterschiedlich starkem Lichteinfall, der wohl für die variable Pigmentierung der Fruchtkörper verantwortlich ist.

Amethyst-Pfifferling

Sind denn alle diese Formen essbar oder gibt es eine Verwechslungsmöglichkeit?

Viele Pilzfreunde sammeln ausschließlich den normalen Pfifferling, weil sie die anderen Formen nicht kennen oder befürchten, es könne sich darunter ein Giftpilz befinden. Alle Formen, ganz egal ob mit violetten oder blassen Farbtönen, sind jedoch **gute Speisepilze,** und Verwechslungen mit einer giftigen Art sind eigentlich kaum möglich. Allerdings gab es 1952 in Polen eine Massenvergiftung durch vermeintliche Pfifferlinge, die sich schließlich als Orangefuchsige Rauköpfe (*Cortinarius orellanus*) herausstellten. Damals galt jedoch der Raukopf, so wie alle **Schleierlinge,** als essbar. Erst später isolierte man aus Vertretern dieser großen Gattung, der in Mitteleuropa über 1000 Arten angehören, **Giftstoffe**, die ähnlich verheerende Wirkungen wie die Toxine des Grünen Knollenblätterpilzes haben. Auch wenn der Raukopf Lamellen statt Leisten und zudem braunes Sporenpulver hat und sich dadurch klar vom Pfifferling unterscheidet, gilt also auch hier, dass man sich jeden seiner Funde ganz genau anschauen sollte.

Ist der Pfifferling geschützt? Wenn ja, wie viel darf man davon sammeln?

Der Pfifferling steht **auf der Liste der eingeschränkt geschützten Pilzarten** und darf daher nur in geringen Mengen für den Eigenbedarf gesammelt werden, jedoch keinesfalls zu kommerziellen Zwecken. Eine Langzeitstudie aus den Niederlanden, wo das Pilzesammeln noch deutlich strenger als in Deutschland reglementiert ist, hat gezeigt, dass das Abernten durch den Menschen die Pilzpopulation nicht beeinträchtigt. In der Schweiz kam man durch eine 30-jährige Studie zu einem ähnlichen Ergebnis. Hieran zeigt sich, dass nur umfassendere Eingriffe in den Naturhaushalt, zum Beispiel durch den sauren Regen oder die Bodenverdichtung, die Verbreitung bestimmter Pilzarten deutlich beeinflussen können. Dennoch sollte jeder die Bestimmungen der Bundesartenschutzverordnung allein schon aus Respekt vor der Natur beachten.

Trompetenpfifferling

Essbar, guter Speisepilz

An welchen Merkmalen erkennt man den Trompetenpfifferling?

Der Trompetenpfifferling (*Craterellus tubaeformis*) ist ein häufiger **Nadelwaldbewohner** und liebt **saure Böden**. Besonders gern wächst er in höheren Lagen unter **Fichten**. Die Art kennzeichnet sich durch einen haselnussbräunlichen, im jungen Zustand halbkugeligen und später **flatterig verbogenen Hut** mit runzeliger Oberfläche und einem vor allem im Alter ausgefransten Rand. Die Unterseite des Hutes ist mit **Leisten** besetzt, die graubraun bis **mausgrau** gefärbt und zum Hutrand hin gabelartig verzweigt sind. Der Stiel ist zylindrisch und **blassgelblich** bis gelbbraun gefärbt.

Ist auch der Trompetenpfifferling essbar?

Der Trompetenpfifferling ist weit weniger bekannt als der Pfifferling (*Cantharellus cibarius*). Er tritt meist massenweise auf und ist daher **sehr ergiebig**. Zudem gehört er zu den **schmackhaften Speisepilzen**, und nicht wenige ziehen ihn sogar dem Pfifferling vor, da er als bekömmlicher gilt.

Trompetenpfifferling

- Bräunliche, runzelige Hutoberseite
- Graue Leisten
- Gelblicher Stiel

Totentrompete

Essbar, guter Speisepilz

Ist ein Pilz mit so einem Namen überhaupt essbar?

Der Name der Totentrompete (*Craterellus cornucopioides*) wirkt auf viele Leute abschreckend. Wer möchte schon einen Pilz verzehren, der den Tod in seinem Namen hat? Wohl deshalb ist die Art mit den **dunklen** Fruchtkörpern weit weniger bekannt als der Pfifferling mit seinen leuchtenden, orangegelben Fruchtkörpern. Doch wer sich überwindet und sie probiert, muss überrascht feststellen, dass sie zu den **besten Speisepilzen** gehört, die man aus heimischen Wäldern ernten kann. Sie eignet sich hervorragend als Gewürzpilz und verleiht jedem Pilzgericht eine ganz eigene Note. Zudem ist die im Herbst erscheinende Totentrompete **mit keiner anderen Art zu verwechseln**.

Totentrompete

- Dunkle Fruchtkörperfarben
- Trompetenförmig
- Kaum Leisten auf der grauen Unterseite

Welche Merkmale hat dieser Speisepilz?

Die Totentrompete, die aufgrund ihrer Erscheinungszeit auch Herbsttrompete heißt, hat **trompetenförmige Fruchtkörper**, die man grob in Hut und Stiel unterteilen kann. Die Hutmitte ist bis zur Stielbasis vertieft, sodass der **Fruchtkörper im Querschnitt hohl** erscheint. Die Oberfläche des bis zu 60 mm breiten Hutes ist dunkelgrau bis graubraun gefärbt und fein faserig bis glatt, weist aber meist eine deutliche Runzelung oder Aderung auf. Vor allem mit zunehmendem Alter verbiegt sich der Hutrand flatterig. Die Fruchtschicht bedeckt die gesamte Unterseite, die meist einheitlich grau und mehr oder weniger stark runzelig ist. Einen deutlich abgesetzten Stiel kann man nicht erkennen, und falls ein Stielteil vorhanden ist, kann man ihn nur durch die etwas dunklere Farbe von der Unterseite des Hutes unterscheiden. Die Totentrompete wächst zwischen **September und Dezember** zumeist in Laubwäldern unter Buchen und Eichen und ist wegen der dunklen Fruchtkörper sehr leicht zu übersehen.

Der Fruchtkörper erscheint innen hohl.

Semmelstoppelpilz

Essbar, guter Speisepilz

Wie kann ich den Semmelstoppelpilz erkennen?

Der Semmelstoppelpilz (*Hydnum repandum*) ist ein robuster Pilz, dessen Fruchtkörper in Hut und Stiel untergliedert ist. Der Hut kann bis über 100 mm breit werden und ist anfangs halbkugelig, später ausgebreitet konvex. Seine Oberfläche ist fein samtig bis fast glatt und **semmelfarben** bis blass cremegelblich. Auf der Unterseite ist der recht **fleischige** Hut mit blassgelblichen bis ockerfarbenen **Stacheln** besetzt, die im frischen Zustand ein wenig biegsam sind und bei alten Fruchtkörpern beim Darüberstreichen abbrechen. Diese Stacheln bilden die Fruchtschicht. Sie entsprechen somit den Lamellen oder Röhren bei Vertretern anderer Gruppen. Beim hier besprochenen gewöhnlichen Semmelstoppelpilz laufen die Stacheln etwas am Stiel herab, während sie beim Rötlichen Semmelstoppelpilz (*Hydnum rufescens*) fast ausgebuchtet erscheinen. Der ganze Pilz ist deutlich mehr orange bis blass rosarötlich gefärbt und ebenfalls essbar.

Semmelstoppelpilz

- Semmelfarbener, robuster Hut
- Nicht am Stiel herablaufende Stacheln
- In Laub- und Nadelwäldern

Manche Semmelstoppelpilze sind bitter. Woran liegt das?

Frische Semmelstoppelpilze haben einen milden Geschmack und eignen sich als **gute Speisepilze für Mischgerichte** aller Art. Allerdings werden ältere Fruchtkörper recht schnell bitter, insbesondere in den Stacheln. Wenn sich diese leicht ablösen lassen oder sogar abbrechen, ist dies ein Indiz dafür, dass der Fruchtkörper zu alt ist. Um eine buchstäblich bittere Enttäuschung zu vermeiden, sollten Sie also **nur junge Exemplare** für Ihr Pilzgericht verwenden.

Meine Semmelstoppelpilze haben unterschiedliche Farben. Sind das verschiedene Arten?

Neben der bekannten Art gibt es den **Rötlichen Semmelstoppelpilz** mit mehr orangerötlichem Hut und insgesamt schmächtigerem Wuchs sowie am Stiel nicht herablaufende Stacheln, und außerdem den **Weißen Semmelstoppelpilz** (*Hydnum albidum*), der sehr helle bis komplett weiße Fruchtkörper bilden kann. Der Artrang dieser früher als Varietäten angesehenen Spezies wurde vor einigen Jahren per DNS-Analysen bestätigt. Auch wurde mittels mikroskopischer Untersuchungen eine weitere Art festgestellt, die sich vom Rötlichen Semmelstoppelpilz kaum unterscheidet. Alle genannten Arten sind jedoch uneingeschränkt essbar.

Typische Stacheln des Semmelstoppelpilzes

Krause Glucke

Essbar, guter Speisepilz

Gehört die Krause Glucke zu den Korallenpilzen?

Die Krause Glucke (*Sparassis crispa*) ist aufgrund der **stark verzweigten** Fruchtkörper mit den lappigen Enden kaum zu verwechseln. Von Weitem sieht sie aus wie ein **Badeschwamm**, und auch die blassgelbliche bis ockerliche Färbung erinnert daran. Sie kann bis über 300 mm im Durchmesser erreichen und wächst für gewöhnlich in der Nähe oder an den Stämmen abgestorbener oder sogar lebender **Kiefern**, mit deren Wurzeln sie in Verbindung steht. Alle Gluckenarten sind Wurzelparasiten und Saprobionten **an Totholz**, sie erregen **Weißfäule** und bringen kränkelnde Bäume zum Absterben. Bei ihrem Aussehen liegt der Gedanke nahe, die Krause Glucke könne mit den Korallen verwandt sein, die im Volksmund auch Ziegenbart genannt werden. Dem ist aber nicht so: Neue phylogenetische Untersuchungen zeigen eine Verwandtschaft zu den **Porlingen** (Ordnung Polyporales), auch wenn die Fruchtkörper keinerlei Ähnlichkeit mit Zunderschwamm und Co. haben.

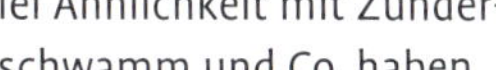

Krause Glucke

- Schwammförmiger Fruchtkörper
- Stark gekräuselte Äste
- Meist am Stamm von Kiefern

Stark verzweigte Fruchtkörper mit lappigen Enden

Die Breitblättrige Glucke ist deutlich heller.

Ist die Krause Glucke essbar und welche anderen Gluckenarten gibt es noch?

Die Krause Glucke ist ein **hervorragender Speisepilz** und wird gerne gesucht, wenn auch nicht sehr häufig gefunden. Sie ist zwar gut verbreitet, aber nur lokal häufiger und erscheint zwischen **September und Dezember** in Kiefernwäldern, seltener am Grund anderer Bäume. Schwierig ist lediglich das **Säubern** der Fruchtkörper, in deren lappigen Verzweigungen sich Kiefernnadeln, Sand und auch der eine oder andere tierische Untermieter einnisten können. Um ihn leichter reinigen zu können, weicht man den Fruchtkörper am besten etwas **unter Wasser** ein. Das ist eine für Pilze recht ungewöhnliche Methode, da andere Arten das Wasser aufnehmen und die Fruchtkörper daraufhin wässrig schmecken würden und nicht mehr zu gebrauchen wären. Bei der Krausen Glucke ist dies nicht der Fall und man braucht sich über Geschmackseinbußen keine Sorgen zu machen.
Neben der gut bekannten Krausen Glucke gibt es noch die weniger bekannte **Breitblättrige Glucke** (*Sparassis brevipes*), die allerdings wesentlich seltener, aber auch weniger schmackhaft ist. Sie unterscheidet sich durch **hellere** Fruchtkörper mit flachen und welligen, nicht so stark gekräuselten Ästen und ist unter Buchen und Weißtannen anzutreffen.

Zunderschwamm

Ungenießbar

Ist der Zunderschwamm ein leicht bestimmbarer Pilz?

Der Zunderschwamm (*Fomes fomentarius*) bildet **konsolenförmige, mehrjährige** Fruchtkörper mit bis zu mehr als 400 mm Breite und über 200 mm Höhe. Die Oberseite des seitlich angewachsenen Fruchtkörpers ist **bandartig gezont**. Diese Zonen haben unterschiedliche Farben und sind bisweilen auch deutlich wulstig verdickt. Daran kann man das Alter des Fruchtkörpers abschätzen, denn Jahr für Jahr bildet der Zunderschwamm neue Porenschichten, die eine unterschiedlich große Fläche einnehmen, wodurch die Oberseite des Hutes uneben erscheint. Die Farben reichen von grau über graubraun bis haselnussbräunlich. Graue Zonen sind dabei zumeist an den älteren, bräunliche an den jüngeren Stellen zu finden, während die ganz frische Zuwachskante weiß ist.
Die Unterseite des Fruchtkörpers besteht komplett aus einer **hellgrauen** Porenschicht, die in ihrem Aufbau der Röh-

Zunderschwamm

- Konsolenförmiger, mehrjähriger Fruchtkörper
- Graue Porenschicht
- Myzelialkern vorhanden

Rotrandiger Baumschwamm

renschicht der Röhrlinge ähnelt. Im Gegensatz zu dieser lässt sich die Porenschicht, die aus winzigsten Poren besteht, jedoch nicht ablösen. Der Fruchtkörper hat nämlich die **Konsistenz von Holz** und lässt sich nur mit einem Messer oder einer Säge zerteilen. Bei einem Querschnitt erkennt man ganz verschiedene Strukturen. An der Anwachsstelle findet sich ganz oben eine bräunlich marmorierte, faserige Zone, in der sich ein sogenannter **Myzelialkern** befindet. Hier hat der Fruchtkörper mit dem Wachstum begonnen. Darunter sieht man mehrere übereinandergeschichtete Porenlagen, an deren Zahl man das Alter des Fruchtkörpers nun eindeutiger bestimmen kann.
Der Zunderschwamm kann bis zu zehn Jahre alte und sogar noch ältere Fruchtkörper bilden. Bei all diesen Merkmalen ist er eigentlich kaum zu verwechseln, doch sieht ihm der oft an Birken und Fichten vorkommende Rotrandige Baumschwamm (*Fomitopsis pinicola*) bisweilen täuschend ähnlich. Dessen Zuwachskante ist jedoch nicht haselnussbraun und weiß, sondern rötlich respektive gelblich weiß.

Kann man mit dem Zunderschwamm tatsächlich Feuer machen?

Der Zunderschwamm war über die Jahrhunderte hinweg begehrt für die **Zunderproduktion** und hatte bis zur Einführung der Zündhölzer auch **ökonomische Bedeutung**, da ganze Ortschaften von der Herstellung des wertvollen Stoffes lebten. Diese Zunderproduktion war aber nicht ganz unkompliziert: Von den Fruchtkörpern musste man zunächst den Myzelialkern, die komplette Oberfläche und die Röhrenschichten entfernen, sodass nur noch das Fleisch übrig war, das bei den Porlingen als **Trama** bezeichnet wird. Diese Trama legte man zunächst in Pottasche ein, um sie dann im halbfeuchten Zustand weichzuklopfen. Nach einigen weiteren mühsamen Bearbeitungsschritten erhielt man schließlich einen lederartigen Lappen, der dann als Zunder diente. Zunder **glimmt sehr lange** und ist außerdem leicht entflammbar. Des Weiteren galt Zunder als **blutstillendes Verbandsmaterial** und wird noch heute in Rumänien zur Herstellung von Hüten, Taschen und dergleichen verwendet.

Zu welcher Pilzgruppe gehört der Zunderschwamm?

Mit seinen typischen Merkmalen gehört der Zunderschwamm in die Ordnung der **Porlinge** (Polyporales). Diese bilden meist relativ festfleischige, zum Teil auch holzig harte Fruchtkörper. Die Arten leben entweder als Saprobionten **an Totholz** oder parasitisch an lebenden Stämmen unterschiedlicher Laub- und Nadelhölzer. Neben dem Zunderschwamm gibt es weitere, sehr häufige und gut bekannte Porlinge wie den Rotrandigen Baumschwamm (*Fomitopsis pinicola*) und den **Birkenporling** (*Piptoporus betulinus*), der schon zur Zeit des Ötzi vor über 5000 Jahren eine wichtige Rolle als Magenbitter gespielt haben muss: Der steinzeitliche Alpenwanderer führte einige Exemplare dieser Art mit sich. Auch einigen anderen Porlingen werden **Heilwirkungen** zugeschrieben, weshalb sie vor allem in ostasiatischen Ländern gezüchtet und vermarktet werden. Ein Beispiel hierfür ist ein asiatischer Lackporling (*Ganoderma lingzhi*), der unter anderem in Japan unter dem Namen **Reishi** bekannt ist. Die europäische Version davon ist der Glänzende Lackporling (*Ganoderma lucidum*).

Speisemorchel und Frühjahrslorchel

Essbar, guter Speisepilz

Tödlich giftig

Welche Merkmale kennzeichnen die Speisemorchel?

Die Speisemorchel (*Morchella esculenta*) ist ein mittelgroßer **Schlauchpilz**, dessen Fruchtkörper sich grob in Hut- und Stielteil untergliedern lässt. Der Hutteil ist unförmig kugelig und hat auffallende **Gruben**, die sich über die gesamte Oberfläche ziehen. Diese Gruben werden in der Fachsprache **Alveolen** genannt. Sie bilden die Fruchtschicht und sind somit ein Pendant zu den Lamellen, Poren und Leisten in den anderen Pilzgruppen. Der Stiel ist zylindrisch und hat eine blass ockerliche Färbung sowie eine feinkörnige Oberfläche. Bei einem Querschnitt durch den Fruchtkörper erkennt man, dass dieser **im Inneren hohl** ist. Das Fleisch ist fest, aber sehr brüchig und hat einen angenehmen Geruch. Die Speisemorchel wächst im Frühjahr zwischen

Speisemorchel

- Hutteil mit Alveolen und gelblichen Farben
- Innen hohl
- Gerne in Auwäldern oder auf Rindenmulch

März und Mai in feuchten Auwäldern sowie auf **frischem Rindenmulch**, wo sie jedoch nur in den ersten beiden Jahren auftritt.

Gibt es giftige Arten, die man mit der Speisemorchel verwechseln könnte?

Der beschriebene Aufbau des Fruchtkörpers ist im gesamten Pilzreich einzigartig und so nur bei den Arten aus der Gattung der Morcheln (*Morchella*) anzutreffen. Dennoch kommt es immer wieder zu Verwechslungen mit der **giftigen Frühjahrslorchel**, die der Gattung der Giftlorcheln (*Gyromitra*) angehört. Verwechslungen mit ähnlich aussehenden Gattungsverwandten, wie zum Beispiel der Spitzmorchel (*Morchella conica*), sind ungefährlich, da alle bekannten Morchelarten hervorragende Speisepilze sind.

Meist spitzer, aber recht variabel ist die Spitzmorchel.

Woran erkennt man die Frühjahrslorchel?

Die Frühjahrslorchel (*Gyromitra esculenta*) erscheint, wie der Name schon sagt, im zeitigen Frühjahr **zwischen März und Mai** und wächst gerne in Nadelwäldern unter Kiefern, an Wegrändern auf sandigen Böden und in der Nähe von Holzlagerplätzen. Sie bildet stattliche Fruchtkörper, die man ebenfalls in einen Hut- und einen Stielteil untergliedern kann. Der Hutteil wird bis 140 mm breit und ist unregelmäßig kugelig **mit hirnartig gewundener, dunkel rotbrauner Oberfläche**. Alveolen, wie sie bei den Morcheln üblich sind, gibt es bei der Frühjahrslorchel nicht. Der Stiel dieser Art ist zylindrisch und hat eine blass ockerliche Farbe, die Oberfläche ist wie bei der Speisemorchel fein körnig.

Wie giftig ist die Frühjahrslorchel?

Frühjahrslorcheln enthalten **Gyromitrin**, einen wasserlöslichen, hitzelabilen Giftstoff, der Leber und Nieren schädigt. Manchmal empfohlene Methoden, etwa das Abkochen der Pilze und Wegschütten des Kochwassers oder das Trocknen, schützen aber nicht vor Vergiftungen, da das Gyromitrin auch nach solchen Behandlungen noch in ausreichenden Mengen vorhanden sein kann. Außerdem ist davon auszugehen, dass die **Giftstoffkonzentration regional unterschiedlich** ist, da in Südeuropa fast keine Vergiftungen vorkommen, während in Osteuropa, vor allem in Russland, Vergiftungsfälle oder sogar Todesfälle häufiger sind. Zudem wird Gyromitrin bei der Zubereitung in Monomethylhydrazin umgewandelt, eine Substanz, die karzinogen, also

Frühjahrslorchel

- Hutteil ohne Alveolen und hirnartig gewunden
- Überwiegend dunkel rotbraun mit hellem Stielteil
- Bei Nadelbäumen und Holzlagerplätzen

krebserregend, ist. Vermutlich liegt hier ein ähnlicher Fall vor wie beim Kahlen Krempling (*Paxillus involutus*): Ein ursprünglich als essbar angesehener Pilz, der viel und gerne gegessen und sogar auf dem Markt gehandelt wurde, wird mittlerweile als **gefährlich giftige Art** betrachtet, die heimtückische Vergiftungen hervorruft. Viele halten das für unglaubwürdig, besonders wenn sie selbst oder Freunde und Verwandte diese Pilzarten seit Jahrzehnten konsumieren. Hier kann man dann nur auf die regional schwankenden Giftkonzentrationen hinweisen und darauf, dass die **Langzeitwirkungen** der Giftstoffe noch nicht untersucht sind, um überzeugend vom Verzehr dieser kritischen Arten abzuraten.

Gibt es weitere Arten in der Gattung der Frühjahrslorchel?

Die Gattung *Gyromitra* enthält in Mitteleuropa mindestens zehn verschiedene Arten, deren Fruchtkörper entweder deutlich aus einem gewundenen Hutteil und einem Stielteil bestehen oder flach becher- bis scheibenförmig sind (sogenannte Scheibenlorcheln).

Die Riesenlorchel (*Gyromitra gigas*) wächst an ähnlichen Standorten wie die Frühjahrslorchel und unterscheidet sich durch größere, etwas hellere Fruchtkörper sowie durch weitere, mikroskopische Merkmale. Sie enthält die gleichen Giftstoffe wie die Frühjahrslorchel und sollte daher nicht für Speisezwecke gesammelt werden.

In den Nadelwäldern höherer Lagen findet man bisweilen die Bischofsmütze (*Gyromitra infula*) mit einem zwei- bis dreizipfeligen, rotbraunen Hutteil und einem bis zu 100 mm langen, hellbräunlichen Stielteil. Diese Art enthält ebenfalls Gyromitrin und sollte zudem geschützt werden, da sie sehr selten ist.

Bischofsmütze

SERVICE

Zum Weiterlesen

BON, M. (2016): Pareys Buch der Pilze. Kosmos Verlag, Stuttgart.

GMINDER, A. (2021): Handbuch für Pilzsammler, Kosmos Verlag, Stuttgart.

LAUX, H. E. (2019): Der große Kosmos Pilzführer, Kosmos Verlag, Stuttgart.

LÜDER, R. (2022): Grundkurs Pilzbestimmung, Quelle & Meyer Verlag, Wiebelsheim.

SCHNEIDER, C. u. GLIEM, M. (2021): Pilze finden. Verlag Eugen Ulmer, Stuttgart.

SCHUSTER, G. u. SCHNEIDER, C. (2022): 10 Pilze – die sichersten Arten finden und bestimmen. Verlag Eugen Ulmer, Stuttgart.

WRIGHT, J. (2012): Handbuch für Pilzjäger – Sammlerglück und Pilzgenuss. Verlag Eugen Ulmer, Stuttgart.

Zum Weiterbilden

www.pilzforum.eu:
Ein Forum zum Austausch für Einsteiger und Fortgeschrittene.

Facebook: Pilze und Schwammerl – Bilder, Berichte und Bestimmungen

Schwarzwälder Pilzlehrschau: https://pilzzentrum.de

Pilzberater

Bei speziellen Fragen oder wenn Sie Ihre Funde begutachten lassen wollen, können Sie sich an einen Pilzberater wenden. Diese gibt es in vielen Regionen. Auf der Internetseite www.dgfm-ev.de der Deutschen Gesellschaft für Mykologie (DGfM) finden Sie unter dem Stichwort „Pilzsachverständige" eine nach Postleitzahlen geordnete Liste der Pilzsachverständigen in Deutschland. In den östlichen Bundesländern sowie Bayern empfiehlt sich außerdem die Suche nach den Pilzverbänden des jeweiligen Bundeslandes. Am besten lernen Sie in der Praxis: Schließen Sie sich einer Pilzexkursion an. Diese werden von Pilzkennern über Vereine, Volkshochschulen oder privat angeboten.

Das Team

Björn Wergen, Jahrgang 1985, ist seit 2001 Pilzsachverständiger der Deutschen Gesellschaft für Mykologie und seit 2015 der Leiter der Schwarzwälder Pilzlehrschau in Hornberg, Baden-Württemberg. Die Pilze waren von Kindesbeinen an sein Steckenpferd. Björn Wergen ist Moderator in diversen Facebook-Foren und -Gruppen und beantwortet dort die Fragen der Pilzsammler und Ratsuchenden.

Katrin Gilbert, Jahrgang 1987, ist seit 2014 Pilzsachverständige der Deutschen Gesellschaft für Mykologie. Das Studium der Biologie endete mit einem Schwerpunkt auf Pilze. Neben ihrer Arbeit im Naturschutz bietet Katrin Gilbert im Herbst im Namen der Schwarzwälder Pilzlehrschau zahlreiche Pilzexkursionen in Baden-Württemberg an.

Register

Bildquellen

Hecker, Frank: S. 9, 60, 96
mauritius images: S. 45, 77, 99, 114
Naturfoto cz/Jaroslav Maly: S. 38, 42, 43
Schulz, Wilhelm: S. 50, 66 o.
Schuster, Gerhard: Titelfoto; S. 2, 4, 6, 8, 14 u., 16, 28/29, 30, 34, 37, 52/53, 68, 71, 74, 85, 87, 90, 97, 104/105, 124
Wergen, Björn: S. 10 (2), 12, 13, 14 o., 19, 20, 22, 23, 24, 26, 31 o., 31 u., 32, 35 o., 39, 40, 41, 44, 46, 47, 48, 49, 51, 54, 55, 57, 59, 63, 64, 66 u., 67, 70, 72 o., 72 u., 75, 76, 78, 80, 81, 82, 83, 86, 88, 89, 91, 93, 94, 98, 100 l., 100 r., 102, 106, 107, 108, 110, 111, 112, 113, 115, 116 l., 117, 118, 120, 121, 122, 123
Zoonar/Himmelhuber: S. 103
Zoonar/Tarabalu: S. 116 r.
Zoonar/Torsten Rempt: S. 35 u.

Giftnotruf

Die meisten Städte haben Giftnotrufe, die unter **19240** Tag und Nacht erreichbar sind. Zusätzlich gibt es in fast jedem Klinikum einen Giftnotruf. Diese Nummern stehen im Telefonbuch auf den ersten Seiten. Bei den ersten Anzeichen einer Pilzvergiftung muss sofort ein Arzt zu Rate gezogen werden!

Haftungsausschluss

Autoren und Verlag bemühen sich um aktuelle, richtige und zuverlässige Angaben. Fehler können jedoch nicht vollständig ausgeschlossen werden. Eine Garantie für die Richtigkeit der Angaben kann daher nicht gegeben werden. Haftung für Schäden und Unfälle wird aus keinem Rechtsgrund übernommen.

Impressum

Anmerkung des Verlags zur Schreibweise (Gendering): Gendergerechtigkeit und Inklusion sind bei uns gelebte Praxis – bei der Auswahl unserer Themen, bei der Recherchearbeit, in der Gestaltung. Unsere Texte meinen alle. Damit unsere Inhalte jedoch gut lesbar bleiben, verzichten wir in diesem Werk auf die jeweilige Mehrfachnennung oder Anpassung der Schreibweise bestimmter Bezeichnungen an die weibliche, männliche oder diverse Form.

Die in diesem Buch enthaltenen Empfehlungen und Angaben sind von den Autoren mit größter Sorgfalt zusammengestellt und geprüft worden. Eine Garantie für die Richtigkeit der Angaben kann aber nicht gegeben werden. Autoren und Verlag übernehmen keine Haftung für Schäden und Unfälle. Bitte setzen Sie bei der Anwendung der in diesem Buch enthaltenen Empfehlungen Ihr persönliches Urteilsvermögen ein.
Der Verlag Eugen Ulmer ist nicht verantwortlich für die Inhalte der im Buch genannten Websites.

Bibliografische Information der Deutschen Nationalbibliothek
Die Deutsche Nationalbibliothek verzeichnet diese Publikation in der Deutschen Nationalbibliografie; detaillierte bibliografische Daten sind im Internet über http://dnb.d-nb.de abrufbar.

Wollgrasweg 41, 70599 Stuttgart (Hohenheim)
E-Mail: info@ulmer.de
Internet: www.ulmer-verlag.de
Lektorat: Ina Vetter, Dr. Helga Hofmann
Herstellung: Katharina Merz
Umschlag-Gestaltung: Verlag Eugen Ulmer
Satz: r&p digitale medien, Echterdingen
Reproduktion: time:ray, Jettingen
Druck und Bindung: Livonia Print, Riga
Printed in Latvia

ISBN 978-3-8186-1873-5